RECHERCHES

SUR LES

AGENTS EXPLOSIFS

MODERNES

TYPOGRAPHIE

ED. MONNOYER, AU MANS

(SARTHE)

ACTUALITÉS SCIENTIFIQUES

Publiées par M. l'abbé MOIGNO

RECHERCHES

SUR LES

AGENTS EXPLOSIFS

MODERNES

ET SUR LEURS APPLICATIONS RÉCENTES

RECUEILLIES ET RÉSUMÉES

Par M. l'abbé MOIGNO

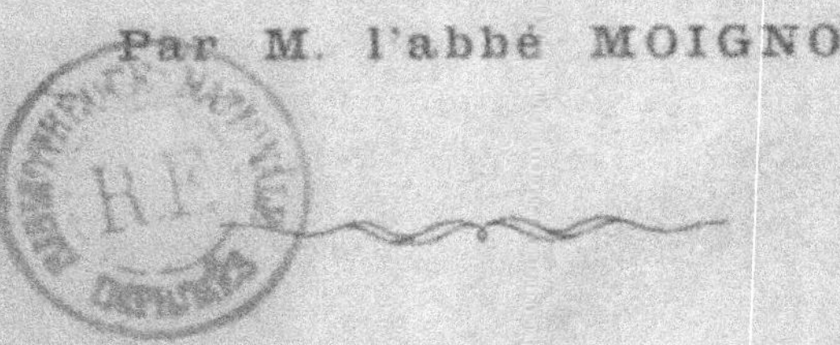

PARIS

AU BUREAU DU JOURNAL *LES MONDES*
11, Rue Bernard-Palissy, 11

ET CHEZ M. GAUTHIER-VILLARS, IMPRIMEUR-LIBRAIRE
55, Quai des Grands-Augustins
1872

RECHERCHES

SUR LES

AGENTS EXPLOSIFS

ET SUR LEURS APPLICATIONS RÉCENTES

Lecture faite aux membres de l'Association Britannique à Edimbourg, août 1871

Par F. A. ABEL, F. R. S., Trés. C. S.

En soumettant aux membres de l'Association Britannique un compte rendu des progrès récemment réalisés dans la production et dans l'application des agents explosifs, je dois borner mes efforts à tracer une esquisse de la nature et des résultats des importantes recherches qui ont été entreprises et qui se poursuivent encore pour développer et régler la force explosive de la poudre à canon, comme aussi pour appliquer d'autres matières explosives qui déjà sont en voie de supplanter la poudre à canon dans quelques-uns de ses importants usages.

La fabrication de la poudre de guerre se pratique chez nous et à l'étranger, depuis nombre d'années, sans aucune modification essentielle. Le procédé suivi en Angleterre pour effectuer l'incorporation des ingrédients et convertir le mélange en une poudre granulée, d'une densité suffisante, et assez dure pour supporter sans détérioration le transport et l'emmagasinage dans tous les climats, fournit un produit bien supérieur à la généralité des poudres étrangères, au point de vue de la conservation, comme aussi d'une action plus violente, parce

1

que, en fait, les conditions essentielles pour une transformation rapide et complète de tous les éléments constituants se trouvent réunies de la manière la plus complète dans sa fabrication; ce qui lui a valu sur le continent le nom de « poudre brutale. »

Les charges, comparativement petites, employées même avec les plus lourds canons de fonte à âme lisse, qui, jusqu'en ces derniers temps, constituaient nos plus puissants armements sur terre et sur mer, n'étaient pas regardées comme extraordinairement fatigantes eu égard au pouvoir de résistance de ces canons; et bien que, depuis quatorze ans déjà, on ait apporté quelque attention à la question de modifier la forme ou les proportions des canons lourds, en vue d'en accroître la durée, principalement à la suite de quelques expériences très-instructives pratiquées en Amérique par le major Rodman, ce ne fut toutefois que lorsque, un peu plus tard, fut fait le premier grand pas dans l'accroissement de puissance de notre artillerie (par l'introduction du canon rayé Armstrong, en fer forgé de cent dix livres), que l'attention se préoccupa sérieusement de l'importance d'essais en vue de réduire la violence d'action, ou la rapidité d'explosion, de la poudre à employer dans les charges plus fortes, nécessaires pour imprimer la vitesse et l'exactitude de direction requises à des projectiles comparativement lourds. La comparaison du poids du boulet et des charges de poudre employées dans les lourds canons de nos jours, avec celles dont on faisait usage dans les plus formidables canons en bronze de siége et de marine, démontrera avec évidence quelles modifications ont dû s'accomplir dans les applications de la poudre destinée à lancer des projectiles. On a souvent écrit et dit, spécialement dans ces derniers temps, que nous étions restés en arrière des autres nations dans les soins à donner à la modification de la poudre, en vue de satisfaire aux conditions nouvelles de son application aux lourdes pièces du jour ; mais la vérité est que, non-seulement c'est chez nous qu'ont été faites les premières recherches sur l'action de la poudre à canon, mais encore qu'on a marché en avant, en Angleterre, presque aussitôt que chez les autres nations, vers la production d'une poudre dont l'emploi permît aux lourds canons de développer toute leur puissance, avec le moins d'atteinte possible à leur durabilité.

En 1858, une Commission fut nommée afin de déterminer la poudre qui conviendrait le mieux pour la carabine Enfield ; et peu de temps après, cette Commission reçut mission d'étendre ses recherches à la poudre à canon ; le plus puissant canon usité à cette époque était le canon Armstrong cent dix. L'un des membres, le général (alors capitaine) Boxer, avait, quelques mois auparavant, appelé l'attention d'une manière officielle sur l'importance qu'il y aurait à modifier l'action des charges de poudre employées dans les canons d'un plus gros calibre, par l'emploi d'une poudre plus faible, ou bien d'une poudre d'un plus gros grain et d'une plus forte densité, la charge recevant une augmentation proportionnelle de façon à pouvoir obtenir la même pression moyenne, et conséquemment la même vitesse initiale que celle que fournissait la poudre légère alors usitée. Un examen sérieux des côtés par lesquels la poudre à canon était susceptible de modification en vue d'arriver à réduire la rapidité de son explosion, conduisit la Commission à faire une série d'expériences, qui eurent pour résultat, d'abord, l'introduction dans le service, en 1860, de la poudre à gros grains appelée *rifle-poudre*, pour tous les canons rayés, et ensuite, l'introduction provisoire de la poudre à grains arrondis (*pellet-poudre*) pour les plus grosses pièces d'artillerie. Cette Commission ne possédait que des ressources et des moyens d'action en petit nombre et insuffisants pour la pratique de ses recherches expérimentales ; mais les résul-

tats auxquels elle arriva non-seulement servirent de
points de départ pour les précieux résultats atteints par la
Commission actuelle des substances explosives, mais
encore parvinrent à la connaissance et excitèrent l'attention des puissances continentales, par l'intermédiaire des
officiers qui visitèrent notre pays au temps de l'exposition
de 1862, date à laquelle la poudre *pellet* (à grains arrondis) venait tout récemment d'être expérimentée. En
Amérique, les expériences sur la poudre à canon se pour-
suivaient avec vigueur, en même temps qu'elles se pra-
tiquaient, en Angleterre, lentement et avec des moyens
comparativement insuffisants; et la forme particulière
de poudre dite prismatique, dont la production s'était
développée en Russie depuis quelques années déjà, et
qui a été, jusqu'à une certaine mesure, adoptée en Prusse,
semble avoir été d'origine américaine, bien qu'elle ne
soit pas parvenue à prendre faveur dans ce pays, où
l'on emploie dans des canons de gros calibre, sous le
nom de *poudre Mammoth*, une poudre de forme et de
dimension semblables à la poudre nouvelle connue sous
le nom de *Pebble* (caillou).

Les principes suivis par la première Commission de
la poudre, en 1858, pour se guider dans les tentatives
de réduire la violence d'action de la poudre quand elle
est tirée à forte charge, ont été jusqu'à présent adoptés
par ceux qui ont eu mission de poursuivre ces recherches. Avant de les spécifier, il peut être instructif de
jeter un rapide coup d'œil sur quelques manières de
modifier facilement la poudre, en vue d'accroître ou de
diminuer la rapidité et la violence de son explosion, et
sur les motifs pour lesquels on ne les a pas choisies jusqu'ici.

Comme la poudre est simplement un mélange mécanique intime d'un puissant agent d'oxydation, le salpêtre ou nitrate de potasse, avec deux substances facilement oxydables, le soufre et le carbone ou charbon de

bois, il va sans dire que la manière d'être de ce mélange, c'est-à-dire la rapidité avec laquelle il fait explosion et la nature des résultats fournis par cette explosion, sont susceptibles de modifications considérables, si l'on vient à faire varier les proportions de ses ingrédients.

D'après la théorie chimique longtemps admise de l'action de la poudre, la fonction du charbon serait de se transformer en gaz par une oxydation complète ou partielle (c'est-à-dire par transformation en acide carbonique ou en oxyde de carbone), suivant sa proportion par rapport au salpêtre employé ; on considérait en même temps le soufre comme agissant de deux manières : — premièrement en déterminant la rapide ignition de la poudre en raison de sa grande inflammabilité ; deuxièmement, en s'unissant avec le potassium du salpêtre, et en permettant à l'oxygène, mis ainsi complétement en liberté, d'effectuer l'oxydation du carbone.

Il a depuis longtemps été démontré que cette idée n'est, tout au plus, qu'une très-imparfaite explication de l'action des éléments de la poudre, mais ce n'en est pas moins un fait avéré que la rapidité d'explosion d'un mélange de ces trois substances peut être facilement accrue ou diminuée par des modifications dans la proportion du soufre ou du charbon, ou de tous les deux, avec le salpêtre du mélange. On peut remarquer une différence très-notable dans la rapidité avec laquelle brûleront deux traînées de poudre exactement semblables, excepté en un point, savoir : la proportion de charbon qu'elles contiennent.

La comparaison de la composition des poudres anglaises et étrangères montre que quelques-unes diffèrent considérablement de chacune des autres par les proportions de leurs ingrédients ; et, sans aucun doute, ces différences doivent exercer une influence marquée sur l'action de ces poudres.

Le degré de combustion du charbon employé dans

leur préparation (c'est-à-dire la durée du procédé de carbonisation, ou la température à laquelle elle s'est effectuée), et la composition qui en résulte, subissent aussi des variations considérables; et il a été abondamment démontré, par les plus récentes expériences pratiquées à Woolwich, que les autres caractères des poudres à canon comparativement constatés étant semblables, la violence de l'action croît en proportion directe de la quantité des constituants volatils (ainsi que l'indiquent les proportions d'hydrogène et d'oxygène) qui sont restés en liberté dans le charbon. Voilà bien des années déjà que ce résultat avait été signalé pour la poudre des petites armes; les Français avaient découvert qu'un charbon fortement inflammable (*le charbon roux*), obtenu par l'exposition du bois à une température comparativement basse, fournissait une poudre très-violente, qui, en raison de son action destructive sur l'arme à feu, était appelée *poudre brisante*. On ne savait pas toutefois que des différences, petites en apparence, dans la composition et par conséquent dans les propriétés physiques et dans la facile inflammabilité du charbon, pouvaient produire des différences très-considérables dans l'action de la poudre, même employée en fortes charges.

Il est à peine besoin de signaler, après ce qui vient d'être dit sur l'influence exercée par certaines variations de composition sur la rapidité d'explosion et la violence consécutive de la poudre, que diverses modifications dans la composition de la poudre, modifications opposées dans les résultats qu'elles produisent, peuvent arriver à neutraliser d'une manière plus ou moins complète leurs effets respectifs. Ainsi, la réduction dans la rapidité d'action de la poudre, qui se peut effectuer par une diminution dans la proportion de soufre, ingrédient inflammable, ou du salpêtre, ingrédient oxydant, peut être neutralisée par l'emploi d'un charbon faiblement brûlé et par conséquent fort inflammable; et de cette façon il peut se faire que la composition, jusqu'ici déterminée dans ce pays et dans quelques autres contrées, soit susceptible de modification, avec avantage au point de vue économique.

Nous en avons dit suffisamment sur ce sujet pour montrer que l'action explosive de la poudre est susceptible de modifications très-étendues par des variations dans sa composition. Mais par la raison que la force déployée par la poudre est due, non pas seulement à la quantité actuelle de produits gazeux résultant de l'explosion, mais aussi, et en plus grande proportion, à la chaleur développée par l'action chimique, il s'ensuit qu'il doit y avoir des proportions particulières d'ingrédients qui, abstraction faite des autres conditions, paraîtront les meilleures, comme fournissant la plus grande quantité de matière gazeuse compatible avec le développement de la plus haute température.

Sans aucun doute, les proportions de salpêtre et de carbone adoptées dans les premiers temps de la fabrication de la poudre, et qui n'ont pas subi jusqu'ici de modification *bien* considérable, ni même aucune dans un but bien défini, n'ont été déterminées par aucune considération théorique, mais ont tout simplement été le résultat de recherches expérimentales. Mais elles correspondaient, à très-peu près exactement, aux proportions requises pour le développement de l'action la plus énergique du salpêtre sur le carbone (en considérant le charbon pour quelque temps comme du carbone pur), bien qu'elles n'aient point été calculées pour retirer la plus grande quantité de gaz d'un poids donné du mélange. Ce dernier résultat nécessiterait l'emploi du carbone dans la proportion produisant le monoxyde ou oxyde de carbone ; tandis que la quantité actuellement employée dans la poudre est approximativement celle qui est nécessaire pour produire seulement le bioxyde de carbone ou acide carbonique, en supposant que le soufre n'exerce que le rôle ci-dessus indiqué, et ne prenne lui-même aucune partie de l'oxygène du salpêtre. Il est actuellement établi depuis longtemps que le soufre ne subit, à aucun degré, d'oxydation partielle ; mais il est également admis que l'emploi des proportions de salpêtre, de carbone et de soufre indiquées par l'ancienne théorie, qui supposait l'oxydation complète, ou conversion en acide carbonique de la plus grande partie du carbone, fournissait un mélange dont l'explosion développait une quantité comparativement très-considérable de force chimique, et conséquemment de chaleur ou de pression, quand la charge était concentrée dans un espace clos.

C'est sur des considérations de ce genre que la dernière Commission de la poudre en est venue à conclure que, si l'on cherchait à modérer la violence explosive de la poudre employée à fortes charges, il ne serait pas sage de faire aucun changement dans la composition établie de la poudre, qui pourrait produire une diminution de la pression totale développée par une charge, à moins qu'il n'y eût impossibilité d'atteindre le résultat désiré par une modification du caractère mécanique et physique de la poudre, — en d'autres termes, par l'introduction de changements dans la *préparation* de la poudre, et dans la forme sous laquelle elle est employée. Un petit nombre d'expériences ont suffi pour démontrer que la rapidité d'explosion de la poudre était facilement susceptible de grandes réductions par de simples moyens mécaniques ; aussi ces moyens ont-ils été adoptés par la Commission actuelle des substances explosives, afin de servir à la fabrication actuelle de la poudre pour les canons de siége ou de marine.

Le degré de perfection obtenu dans la préparation des ingrédients de la poudre par l'écrasement, et ensuite le mélange ou l'incorporation, présente un moyen tout naturel de modifier la rapidité d'explosion du mélange ;

mais il serait aussi évidemment contraire à la théorie
qu'à la pratique de réduire la rapidité de combustion
de la poudre en s'éloignant des proportions exactes
où les ingrédients réagissent les uns sur les autres,
et en les employant ainsi sans utilisation complète,
ce qui arriverait si ces ingrédients ne se trouvaient
pas convertis en mélange, aussi intime qu'il est possible d'y arriver par les voies et moyens connus. Mais,
supposé un mélange, aussi parfait qu'on peut le préparer, des ingrédients, dans les proportions calculées
pour fournir le maximum possible de changement de
volume (et conséquemment de pression totale au moment
de l'explosion), il y a *cinq* manières différentes de modifier la poudre par rapport à ses caractères physiques
et mécaniques, et les moyens qu'elles offrent pour régler
la rapidité de l'explosion ont jusqu'à présent suffi à tous
les besoins. Ces points variables sont : la *dimension* des
masses individuelles composant la charge de poudre ;
la *forme* de ces masses et la *condition mécanique* de leur
extérieur ; la *densité* ou la compacité des masses, et enfin
leur *dureté*. La dimension et la forme des masses sont
facilement modifiées par un moulage donnant à la poudre fine des formes de dimensions et d'apparences particulières, comme dans le cas de la poudre *Pellet* (*à grains
ronds*), en grains prismatiques, cubiques ou sphériques, ou bien par un broiement plus ou moins étendu,
d'une façon symétrique ou irrégulière, des gâteaux de
poudre comprimée de différentes épaisseurs, produisant ainsi ce qu'on appelle la poudre granulée, qui se
classe d'après le degré de finesse du grain, depuis la
poudre fine de chasse jusqu'à la poudre *Pebble* (caillou).
On peut laisser à la surface de ces masses sa condition
rugueuse primitive, ou bien la polir plus ou moins, la
débarrasser des angles aigus et des saillies par la tritu-
ration, et ensuite par une sorte de vernis ou d'enduit
de graphite. On peut réduire leur facile inflammabilité

par des moyens analogues. La densité ou compacité de la poudre se détermine par la pression à laquelle la matière est soumise quand on la convertit en plaques, boules ou autres formes ; enfin sa dureté est réglée par la proportion d'humidité contenue dans la poudre au moment où elle est soumise à la pression.

L'expérience a montré qu'il faut une très-exacte harmonie de tous les caractères mécaniques et physiques de la poudre pour réduire la rapidité de son action, et en même temps pour développer la pression totale requise et la vitesse qui en résulte, avec une uniformité suffisante. Les premiers résultats [de la dernière Commission des poudres furent très-encourageants : ils avaient été simplement obtenus par l'accroissement de grosseur des masses composant la charge ; on trouva ensuite que ces résultats étaient grandement améliorés quand on tenait compte de la densité et de la dureté de la poudre, et l'on adopta des mesures pour établir l'uniformité, relativement à ces propriétés, des grains de poudre composant une charge. L'importance de ces mesures est devenue plus évidente à mesure que l'on a développé et perfectionné les moyens propres à examiner l'action de la poudre quand elle est enflammée.

Nous ne pouvons que faire un très-court examen des résultats obtenus par les anciennes expériences relativement à la pression développée par l'explosion de la poudre, et de ceux que vient de constater tout récemment la Commission du Gouvernement pour les agents explosifs.

Bien que la première tentative eût été faite par un Français, M. de La Hire, au commencement du siècle dernier, pour expliquer l'action de la poudre enflammée, ce fut Robin qui étudia le premier le sujet d'une façon expérimentale, en déterminant avec beaucoup de soin la quantité de gaz engendrée par l'explosion, et en essayant d'évaluer d'après des données expérimentales l'accroissement d'élasticité des gaz dû à la température développée par l'explosion. Il en vint à conclure que les gaz permanents développés par la poudre occupent environ deux cent quarante fois son volume à la température et à la pression normales, et que la chaleur engendrée élève ce volume à mille fois celui de la poudre, accroissement qui fait déployer à celle-ci une force correspondant à une pression d'environ mille atmosphères, ou de six tonnes trois quarts par pouce carré. Les premières expériences qui eurent pour objet la détermination directe de la pression développée par la poudre faisant explosion en vases clos, furent faites par le comte Rumford en 1793; il renferma une petite charge de poudre de chasse (pas plus de dix-huit grains) dans un vase de fer forgé très-fort, dont l'ouverture était fermée par un poids. Ce vase, ou sorte de canon, était suspendu verticalement, et la charge faisait explosion par l'application d'un boulet chauffé au rouge tout au bas du vase, où se trouvait une lumière fermée et remplie de poudre. Une charge donnée ayant été employée, le vase était clos par un poids considéré comme l'équivalent de la pression gazeuse qui devait se développer. Si ce poids se trouvait soulevé par l'explosion de la charge particulière qui venait d'être employée, on l'augmentait successivement jusqu'à ce qu'il pût résister à la force déployée par l'explosion : ce poids était dit alors représenter la pression exercée par la poudre. Les résultats obtenus par Rumford ne concordaient point ; mais il arriva à cette conclusion, que la force totale développée par l'explosion de la poudre correspondait à cent un mille vingt-une atmosphères, c'est-à-dire à une pression de six cent soixante-deux tonnes par pouce carré. Rumford essaya de concilier le développement de cette énorme pression totale avec le fait que les canons peuvent la supporter, en supposant que l'explosion de la poudre ne se manifeste que très-graduellement dans un canon, et qu'elle n'est complète qu'au moment de la sortie du boulet.

Une autre méthode indiquée pour la première fois par le colonel Cavalli, en 1843, pour déterminer la pression dans l'intérieur d'un canon, consistait à introduire un certain nombre de petits tubes ou canons de fusil dans le canon, suivant le sens de sa longueur ; des balles sphériques étaient placées dans ces canons de fusil, et la pression aux différents points du canon s'appréciait par une détermination des vitesses avec lesquelles étaient projetées ces balles quand partait le canon. Une forme améliorée de la même méthode d'expérimentation fut adoptée en 1854 par la Commission d'artillerie prussienne, mais elle ne fut appliquée qu'à des canons de petit calibre. Elle consistait à adapter un petit canon de fusil dans un trou percé dans la chambre à poudre du canon ; quand le canon était chargé, un cylindre ayant la même section longitudinale que celle du projectile dans le canon, était introduit dans le petit canon. Supposons la pression partout la même dans la chambre à poudre, le cylindre et le boulet traverseront des espaces égaux dans le même temps, et le cylindre, après avoir parcouru huit pouces, sera hors de la sphère d'action du gaz. Si le cylindre a une section longitudinale moitié de celle du boulet, il lui faudra une vitesse double, et ainsi de suite. Ainsi, en connaissant le rapport entre la section longitudinale du cylindre et celle du projectile, on peut, après avoir fixé une distance particulière, constater la vitesse de celui-ci en déterminant celle du cylindre.

Les résultats des expériences prussiennes indiquèrent que la pression maximum dans un canon de six est onze cents atmosphères, et mille trois cents atmosphères dans un canon de douze. La même méthode, appliquée plus tard à un canon rayé de soixante-dix, semble avoir donné une indication de pression d'environ trois mille atmosphères.

Quelques expériences très-intéressantes ont été faites aux Etats-Unis, en 1857, 1858 et 1859, par le major Rodman, qui observa les pressions exercées dans un canon, au moment de l'explosion de la charge, à l'aide d'un ingénieux instrument, bien connu sous le nom de piston de pression de Rodman, qui a depuis été fort employé, dans des expériences semblables, en France, en Prusse et dans d'autres pays. Pour constater la pression exercée dans chaque partie de l'intérieur du canon, le major Rodman pratiquait un trou au point choisi, et y introduisait un cylindre creux portant l'appareil indicateur. Cet appareil consistait en un outil denté, placé sur un piston ajusté dans la partie du cylindre la plus rapprochée de l'âme du canon. Au dos du piston était adaptée une petite coupe de métal, pour empêcher toute fuite de gaz. Une pièce plate de cuivre mou était fortement vissée au-dessous, contre le tranchant de l'instrument denté, de façon que, quand le piston subissait l'action développée par le pouvoir explosif, le couteau pénétrait forcément dans le cuivre, et y faisait une coupure dont les dimensions étaient mesurées avec exactitude et comparées avec les dentelures produites par l'application de pressions connues.

Le major Rodman appliqua cet instrument à des canons de divers calibres jusqu'à onze pouces, et pratiqua diverses séries d'expériences, employant d'abord des poudres de différents grains, et ensuite différentes sortes de gargousses, allant de un à quatre pouces de diamètre. Les résultats obtenus ont présenté diverses anomalies et des contradictions sérieuses ; mais ceux qu'ont fournis les poudres de différentes dimensions sont généralement venus donner des conclusions semblables à celles auxquelles était arrivée la dernière Commission des poudres dans la première série de ses expériences : c'est-à-dire que la vitesse fournie par une poudre à petits grains peut être obtenue avec moins d'efforts sur l'arme, par l'adaptation du grain de la poudre au calibre du canon. Le major Rodman ajustait aussi cet indicateur de pression à un vase puissant, dans lequel il faisait partir des charges de poudre variant de sept cents à sept mille grains, laissant les produits s'échapper par une issue de un centimètre de diamètre. Les indications des pressions obtenues par ce moyen furent très-variables ; dans quelques cas, elles correspondaient à quatre mille neuf cents atmosphères (ou trente-deux tonnes par pouce carré), tandis que dans les autres, elles allaient jusqu'à douze mille quatre cents atmosphères (ou quatre-vingt-deux tonnes).

En 1869, la Commission actuelle des substances explosives fut chargée par le Gouvernement de faire des recherches sur l'action de la poudre adoptée par la dernière Commission d'artillerie, choisie pour continuer les expériences de la Commission de la poudre à canon. L'objet spécial de ses recherches était la détermination des pressions exercées dans les canons de différents calibres par diverses catégories de poudre, et de déduire des résultats les conditions à remplir pour une poudre susceptible d'être efficacement employée dans les charges très-considérables. Dans ses premières expérimentations, la Commission employa le manomètre Rodman comme procédé d'enregistrement des pressions exercées. Mais les variations et les anomalies des résultats fournis par cet instrument la conduisirent à en imaginer une modification, qui semble être heureusement parvenue à éviter les principales sources d'erreur attachées à l'emploi du manomètre Rodman, et qui, sous le nom de manomètre Crusher, a toujours été employée dans les expériences de la Commission, conjointement avec un autre instrument dont nous allons bientôt parler.

Le manomètre Crusher consiste en une cheville à vis creuse, en acier, qui, comme le manomètre Rodman, est introduite dans des trous pratiqués dans le canon,

à la chambre à poudre et en diverses autres parties de
l'âme. L'extrémité de la cheville la plus rapprochée de
la charge est fermée par un piston qui presse contre
l'extrémité d'un cylindre en cuivre mou, maintenu par
des ressorts, au centre d'une petite chambre, dans la
cheville. L'autre bout du cylindre de cuivre repose
contre une enclume. Quand on tire le canon, le piston
est pressé contre le cylindre de cuivre, qui subit nécessairement une compression, par laquelle s'apprécie lei
maximum de force exercée sur cette partie du canon.

L'autre instrument employé par la Commission est un
chronoscope, inventé et exécuté par le capitaine A. Noble,
et au moyen duquel il est possible de déterminer avec
facilité et précision le temps employé par le projectile
à traverser les différentes parties de l'âme d'un canon.
Le principe de cet instrument consiste à enregistrer,
par des décharges électriques, sur une surface *ad hoc*,
qui fonctionne avec une vitesse uniforme et très-grande,
le moment précis où un boulet passe devant certains
points dans l'intérieur du canon. Une série (huit au plus)
de minces disques métalliques, de trente-six pouces de
circonférence, fixés sur une tige horizontale, reçoivent
un mouvement circulaire très-rapide, au moyen d'un
lourd poids descendant avec une vitesse accélérée.

Une horloge d'arrêt (*Stop-clock*), dont on peut à
volonté établir ou interrompre la communication avec
l'une des tiges de révolution de la machine, sert à déterminer la vitesse des révolutions des circonférences des
disques. Elle est d'environ douze cents pouces par
seconde, de sorte qu'un pouce représente la douze-cen-
tième partie d'une seconde ; et comme avec un vernier
adapté à l'instrument pour la lecture des résultats, on
peut facilement diviser un pouce en mille parties,
il est évident que l'instrument est capable d'indiquer
des différences de temps moindres qu'un millionième
de seconde.

Au moment de la décharge du canon mis en rapport avec cet instrument, l'instant précis où le boulet passe devant un point particulier dans l'âme, est enregistré sur l'un des disques, pendant qu'ils tournent avec la vitesse qui vient d'être mentionnée. Voici comment cela se fait : à des distances définies l'une de l'autre, un certain nombre de chevilles creuses d'acier, correspondant au nombre de disques du chronoscope, sont vissées dans des trous pratiqués dans le canon pour les recevoir. Chacune de ces tiges porte, à l'extrémité qui est vissée jusqu'à l'intérieur du canon, après que le canon a été chargé, un taillant d'acier, qui fait très-légèrement saillie dans l'intérieur, et qui se trouve maintenu en position par un fil métallique isolé et très-fin, dont les extrémités sortent au bout de la tige et par conséquent en dehors du canon. Chacun de ces fils est alors mis en relation avec des fils conducteurs, qui le font communiquer avec une petite batterie voltaïque, et avec le fil primaire d'une bobine voltaïque d'induction ; de sorte que, quand cette disposition est complète, un courant voltaïque distinct circule à travers chaque fil isolé dans le canon, et à travers le fil primaire d'une bobine distincte d'induction. Un bout de fil secondaire de ces bobines est rattaché aux disques tournants, dont les périphéries sont recouvertes de bandelettes de papier blanc revêtues de noir de fumée, et l'autre bout de chaque fil secondaire est en relation avec un excitateur en pointe bien isolé : en face de chaque disque se trouve un de ces excitateurs, avec ses pointes ajustées de façon à se trouver juste à portée du bord du disque. Quand les disques tournent à toute vitesse, degré de vitesse déterminé au moyen de l'horloge d'arrêt, on tire le canon, et lorsque le boulet heurte en passant les tranchants qui font très-légèrement saillie dans l'âme, il les presse successivement, les repousse au niveau de la surface intérieure, et détermine par là la section du fil isolé.

Le courant primaire est par conséquent interrompu, et le courant induit, qui se trouve ainsi développé instantanément dans le fil secondaire de la bobine, passe de l'excitateur particulier au disque adjacent, produisant une petite perforation dans le papier au point où il jaillit à travers le disque, et brûlant le noir de fumée à ce point précis, de façon à produire ainsi une marque aisément perceptible. Admettons comme possible que tous les fils primaires fussent séparés au même instant; alors, comme les disques tournent tous avec la même vitesse, les taches qui marquent la décharge du courant induit sur chaque disque individuel seraient dans des positions exactement correspondantes, et formeraient par conséquent une ligne droite au travers des disques. Mais, comme ils ne sont séparés que l'un après l'autre, les séries de taches se suivent sur les différents disques, la distance entre la tache sur un disque et celle sur le disque suivant, étant petite en proportion de la vitesse avec laquelle le boulet s'est mû d'un point à un autre dans le canon.

On peut se faire une idée de la petitesse des intervalles de temps mesurés à l'aide de ce chronoscope, par ce fait que les distances entre les parties du canon de dix pouces auxquelles se prennent les indications de temps n'ont, dans certains cas, que 2,4 pouces, tandis que le temps total que met le projectile à atteindre la gueule du canon (cent pouces de distance) quand on le tire avec une charge batterie de brèche, n'est à peu près que la centième partie d'une seconde.

L'esquisse que nous venons de faire de la nature et de l'emploi de cet instrument montre que, par son moyen, on enregistre le temps que met le boulet, depuis le commencement de son mouvement, pour atteindre les divers points de l'âme d'un canon; de ces indications de temps, on déduit la vitesse avec laquelle le boulet passe devant ces différents points de l'âme, ainsi que les pressions dans l'intérieur du canon qui correspondent à ces vitesses. A l'aide de cet instrument, ainsi que du manomètre Crusher, employé simultanément avec lui, la Commission des matières explosibles a comparé l'action dans le canon des poudres employées jusqu'à ce jour dans le service, avec celle de quelques poudres de fabrique étrangère, et particulièrement avec certaines catégories de poudres spécialement fabriquées pour être employées dans les fortes charges. Guidée par les résultats obtenus, cette Commission a réussi à produire une sorte de poudre (connue sous le nom de « Poudre Pebble, *poudre caillou* »), dont les caractères physiques et mécaniques ont été si bien harmonisés les uns par rapport aux autres, que les capacités des gros canons en ont reçu des développements considérables, tandis que leur puissance de résistance subissait une épreuve beaucoup moins violente, par son emploi, que par l'emploi de toute autre catégorie de poudre spécialement fabriquée en vue de cet objet pendant les quatre dernières années. Quant aux dimensions de ses masses à forme de caillou, cette poudre offre beaucoup d'analogie avec l'une des poudres essayées jadis par la Commission des poudres (en 1859), qui a servi comme point de départ dans le développement de la poudre *Pellet* (poudre à grains sphériques); mais elle présente d'importantes différences sous le rapport de la densité, de la dureté et de l'uniformité des formes des masses ; et c'est à l'influence combinée de ces points de différence, pour réduire la rapidité avec laquelle la pression se développe dans le canon, que la poudre *Pebble* (poudre caillou) doit son efficacité.

La comparaison des résultats obtenus, au moyen du chronoscope et d'un canon de dix pouces, avec la poudre employée jusqu'ici dans tous les canons rayés, connue sous le nom de poudre R. L. G., et de ceux de la poudre prismatique russe (regardée quelque temps comme supérieure à toutes les autres variétés), ainsi que de ceux de la poudre à grains arrondis (poudre *Pellet*), démontre avec évidence la supériorité de cette dernière. Ces résultats font voir que la poudre prismatique s'allume très-lentement dans le canon, et brûle ensuite avec rapidité, moins rapidement toutefois que la poudre R. L. G. Cette lenteur à s'enflammer semble due au fait que les prismes sont recouverts d'une couche dure et difficilement inflammable, produite par la concentration d'une partie du salpêtre sur la surface des masses, résultat de la grande quantité d'eau que la poudre contient quand elle est pressée, et qui, en s'évaporant, attire le salpêtre à l'extérieur des grains. La combustion rapide qui se produit ensuite au sein de la poudre prismatique est due à sa densité comparativement faible. La vieille poudre R. L. G. est à la fois rapidement inflammable et de combustion rapide, quand on l'emploie dans les fortes charges, à cause de la petite dimension de ses grains et de leur densité comparativement basse ; tandis que les gros fragments de la poudre *Pebble*, poudre dense et comparativement dure, s'enflamment avec une certaine lenteur, et brûlent aussi avec lenteur, si on les compare avec les autres. N'oublions pas que la poudre *Pellet*, de densité comparativement faible, telle qu'on l'a jusqu'à ce jour fabriquée pour le service, se rapproche de R. L. G. pour la rapidité de son explosion, quand on l'emploie pour de *fortes* charges ; mais que, si l'on assimile sa densité à celle que l'on a trouvée comme convenant mieux pour la poudre *Pebble*, elle donne des résultats semblables à la dernière ; il est donc peu douteux que la poudre *Pellet*, avec cette modification, puisse remplacer la poudre *Pebble*. La comparaison des courbes qui représentent les vitesses et les pressions obtenues avec les poudres *Pebble*, prismatique et R. L. G., dans les différentes parties du canon, telles qu'elles sont déduites des résultats du chronoscope, montre que les vitesses des deux premières commencent par être considérablement au-dessous de celle de R. L. G., mais que graduellement elles l'atteignent et la dépassent, et que le boulet au sortir du canon atteint une vitesse de beaucoup supérieure (la plus grande étant produite par la poudre *Pebble*). Ces courbes font voir aussi des différences très-importantes relativement à la pression, le maximum étant considérablement plus grand avec R. L. G. qu'avec les deux autres, tandis que la surface de la pression est beaucoup plus grande avec celles-ci qu'avec R. L. G. Il serait démontré que, dans des expériences pratiquées avec des canons de dix pouces, et même avec des canons de douze pouces, vingt-cinq tonnes, les pressions indiquées par le *manomètre Crusher*, dont nous avons parlé, concordent parfaitement bien avec les pressions déduites des résultats du chronoscope, quand on emploie la poudre *Pebble*, ou *prismatique*, ou *Pellet*; mais que, si l'on fait usage de la poudre R. L. G. ou de la vieille poudre à canon L. G., on a observé des anomalies très-considérables et embarrassantes, non-seulement entre les résultats des deux méthodes d'expérimentation, mais aussi entre les résultats individuels fournis par le manomètre Crusher, appliqué dans une seule et même décharge aux différents points des chambres à poudre. Ces résultats contradictoires ont été soigneusement discutés par le capitaine A. Noble, dans un discours qu'il a tout récemment prononcé à Royal-Institution. L'objet de la présente lecture ne me permet pas d'examiner à fond quelle en est la cause probable. On peut néanmoins poser en fait que ces anomalies sont dues à une sorte de mouvement ondulatoire qui s'établit dans le gaz, par suite de la *force vive* acquise par eux, spécialement avec une charge de combustion rapide, avant que le boulet n'ait commencé à se mouvoir dans le canon, cette *force vive* se retransformant en pression au siége du boulet, et donnant ainsi naissance à d'intenses pressions locales pour des périodes de temps excessivement petites. On a constaté, dans le cours des expérimentations de Woolwich, que, même avec des poudres à combustion lente, comme la *Pebble* et la *Pellet*, quand la charge est enflammée au point le plus éloigné du boulet, ou quand les gargousses sont d'une longueur extraordinairement grande, ces intenses pressions locales, remarquées avec les poudres à combustion rapide, se développent également, résultat qui vient grandement à l'appui de l'idée qu'elles auraient leur origine dans la *force vive* acquise par les produits de l'explosion, et due à la distance que ceux-ci traversent avant d'être arrêtés par le boulet. Une expérience faite par Robins, dans laquelle il mit une balle de seize pouces, en outre de la charge ordinaire, dans un canon de fusil, ce qui fit éclater celui-ci par l'explosion près du siége du projectile, conduit à la même explication ; et bien des résultats anormaux donnés par le manomètre Rodman, doivent naturellement être attribués à la *force vive* acquise par les gaz dans le cylindre avant d'atteindre le piston qui agit sur le tranchant à quelque distance de l'âme du canon.

Nous mentionnons ces résultats quelque peu embarrassants, principalement pour montrer que, malgré les grands progrès réalisés dans l'adaptation de la poudre à notre artillerie actuelle, il reste beaucoup plus encore à faire avant de comprendre toutes les conditions à remplir dans la production de poudres parfaitement appropriées aux différents canons. Il est hors de doute qu'une poudre qui convient le mieux à tous égards pour un canon de sept pouces, ne possédera pas la même efficacité si on l'applique à un canon de dix pouces; et, très-probablement, le système théoriquement exact qui renfermera les conditions essentielles pour le plein et sûr développement de la puissance des gros canons, serait la préparation d'une poudre spéciale pour presque chaque calibre de canons. Les objections pratiques à la possibilité d'un tel résultat sont naturellement insurmontables. Aussi le but auquel on doit prétendre, c'est la production d'une poudre qui, tout en utilisant très-bien les pouvoirs des plus petites pièces de notre grosse artillerie, puisse s'employer avec sécurité dans les charges calculées pour le plein développement de la force de nos plus grosses pièces.

Par l'emploi de la poudre *Pebble* ou *Pellet*, comme on la fabrique actuellement, non-seulement on réduit d'une façon considérable l'effort subi par les canons, jusqu'à vingt-cinq tonnes, tout en atteignant des vitesses égales à celle que donne la poudre R. L. G., mais nous nous trouvons de plus en état d'obtenir de ces canons une augmentation de puissance très-considérable, sans les soumettre à ces plus grands efforts qu'ils seraient exposés à subir par l'emploi de l'ancienne poudre d'ordonnance, pour obtenir les résultats types. Mais, en passant du canon de vingt-cinq tonnes à celui de trente-cinq, qui est désigné pour un projectile de sept cents livres, et une charge de poudre beaucoup plus lourde que celles qui ont été employées jusqu'ici, il est moins facile d'atteindre les résultats satisfaisants fournis par la nouvelle poudre dans d'autres canons; et l'on ne sait encore si, et dans ce cas de quelle façon, de nouvelles modifications devront être introduites dans la fabrication de la poudre, pour satisfaire aux exigences des plus gros canons. Plus on recherchera avec un soin curieux la nature de l'action de la poudre dans un coup de canon, plus aussi l'on variera les méthodes d'investigation, plus tôt, et d'une façon plus facile et plus complète nous pouvons espérer de remplir ces conditions de fabrication qui établiront d'une manière péremptoire son efficacité, quel que soit le calibre d'artillerie auquel on l'applique. Le sujet reçoit actuellement, en divers endroits, l'étude attentive et l'investigation pratique qu'il mérite; et

avant de passer aux autres matières qui doivent être
discutées dans cette conférence, il nous faut brièvement
diriger notre attention sur une ligne spéciale de recherches, actuellement suivie par le capitaine A. Noble, qui
promet de projeter de nouvelles et importantes lumières
sur la nature de la poudre à canon comme agent propulseur.

Nous avons déjà signalé les premiers essais du comte
Rumford pour déterminer la pression de la poudre
enflammée, au moyen d'explosions de petites charges
dans un espace resserré, ainsi que les expériences analogues pratiquées quelque temps après par le major
Rodman. Les conclusions auxquelles ces deux expéri-
mentateurs furent amenés par leurs expériences, relativement à la pression déployée par la poudre à canon,
différèrent grandement entre elles, ainsi que des conclusions auxquelles arrivèrent en 1857 Bunsen et Schischkoff, après de laborieuses recherches expérimentales
sur la nature de la transformation subie par la poudre
dans l'explosion, et de la chaleur développée quand la
poudre est enflammée en vase clos. Cette dernière était
évaluée à 3 300° cent. ou 5 980 Fah., et la pression
déduite de leurs données expérimentales, comme le
maximum que peut atteindre la poudre en vase clos,
était d'environ quatre mille trois cent soixante-quatorze
atmosphères, ou à peu près vingt-neuf tonnes par pouce
carré. Ce résultat est sans doute plus près de la vérité
que les évaluations faites par les premiers expérimenta-
teurs. Mais des expériences récentes, que nous allons
rapporter tout à l'heure, semblent avoir démontré d'une
façon définitive que l'évaluation de la pression de la
poudre enflammée, faite par Bunsen et Schischkoff, est
considérablement trop faible, aussi bien que celle de
Piobert, fondée sur la supposition de l'existence comme
vapeur de produits *solides* au moment de l'explosion, et
fixée par lui à soixante-quatre tonnes environ (ou neuf

mille six cents atmosphères), est regardée par beaucoup de personnes comme considérablement trop forte. Berthelot, qui, comme beaucoup d'autres savants illustres de Paris, fut amené par les exigences du moment, pendant le siége à jamais mémorable que vient de subir Paris, à consacrer son intelligence et ses talents à des sujets d'une importance pratique immédiate se rattachant à la défense de la cité, a fait de laborieuses recherches théoriques sur la force déployée par les différentes sortes de poudres et par d'autres agents explosifs. Dans son examen critique des déductions tirées par Bunsen et Schischkoff, de leurs expériences relatives à la pression de la poudre à canon enflammée, il signale qu'ils ont apprécié cette dernière bien au-dessous de sa valeur, parce qu'ils ont négligé de tenir compte des effets de l'énorme quantité de chaleur dégagée par la compression du gaz quand la poudre fait explosion dans un espace fermé ; en d'autres termes, parce que la température de combustion a été calculée sur un volume égal à celui du gaz mesuré à zéro et sous la pression atmosphérique normale, au lieu de l'être d'après *un volume égal à celui de la poudre lui-même*, volume auquel les gaz sont naturellement condensés quand la poudre fait explosion dans son propre espace. Il discute l'influence probable exercée sur la pression par la dissociation des produits gazeux de l'explosion, sous la très-haute température développée au moment de leur génération ; l'influence en sens contraire de la pression à laquelle les gaz sont soumis ; l'effet réfrigérant de l'expansion des gaz, au moment où le boulet est projeté hors du canon, et le dégagement probable et continu de chaleur qui s'ensuit, comme résultat de nouvelles combinaisons chimiques incompatibles avec la haute température originelle. L'évaluation à laquelle est arrivé Berthelot, de la pression de la poudre enflammée, n'est guère inférieure à celle de Rumford ; ainsi, il donne comme pression de la poudre de guerre, détonant dans son

propre espace, soixante-deux mille sept cents atmosphères,
estimation quatorze fois plus forte que celle de Bunsen
et Schischkoff, basée sur leurs données analytiques.
Toutefois ses conclusions n'ont pas encore été consa-
crées par des résultats expérimentaux.

L'examen analytique établi par Bunsen et Schischkoff
des produits de l'explosion de la poudre, a détruit la
confiance accordée jusqu'alors à la vieille théorie de la
transformation chimique de la poudre, qui supposait,
comme nous l'avons déjà constaté, la conversion du carbone en acide carbonique ou en oxyde de carbone, ou en
tous les deux à la fois, et la conversion du soufre en sulfure de potassium. D'après leurs analyses, la plus grande
partie du soufre est oxydée et transformée en acide sulfurique, le sulfure de potassium étant l'un des moindres produits de la combinaison. En même temps qu'il
est sûr que la vieille théorie de la décomposition de la
poudre est très-loin de la vérité actuelle, on s'accorde à
penser que la méthode suivie par Bunsen et Schischkoff
en brûlant de la poudre, en vue d'en recueillir les produits pour l'analyse, n'était pas calculée pour fournir des
résultats représentant parfaitement ceux que l'on ob-
tiendrait par l'explosion de la poudre en vase clos,
comme dans la chambre d'un canon. Quelques expériences faites plus tard par Karolyi, où il faisait partir
de très-petites charges sous des conditions se rappro-
chant beaucoup plus de celles de l'emploi actuel de la
poudre, ont fourni des résultats analytiques ne différant
guère de ceux de Bunsen et de Schischkoff; mais la
valeur qu'il faut y attacher semble devoir être définitivement établie sous peu par les expériences où le capitaine A. Noble se trouve actuellement engagé. Dans de
très-puissants vases de fer, il fait partir, par un agent
électrique, des charges de poudre graduées jusqu'à deux
livres; l'espace où les charges font explosion, varie
entre celui où la poudre l'occupe tout entier et celui où

elle n'en occupe que dix pour cent; au vase est adapté
un manomètre Crusher, qui indique le maximum de
pression développée par l'explosion. Les gaz sont dans
tous les cas entièrement confinés; on les laisse s'échapper
graduellement, aussitôt qu'il est nécessaire, après l'explosion, afin de pouvoir mesurer leur volume, et en
recueillir des parties pour l'analyse. (J'ai moi-même
entrepris cet examen, ainsi que celui des produits
solides.) Il serait prématuré d'entrer dans aucun détail
sur les résultats analytiques et autres fournis jusqu'à
ce jour par ces expériences; on peut toutefois établir
que le maximum de pression de la poudre enflammée,
quand l'expansion ne peut l'amoindrir, a été estimé
à quarante tonnes par pouce carré, et que l'examen du
rapport entre la tension et la densité des gaz-poudres,
obtenus dans un espace clos, a fourni des résultats en
étroite correspondance avec ceux qui ont été déduits de
l'observation de la tension des gaz dans l'âme des
canons, faite par la Commission des matières explosives.

Cette imparfaite esquisse des investigations, à la fois
scientifiques et pratiques, poursuivies durant les deux
ou trois dernières années, et actuellement encore en voie
de continuation, suffira pour montrer qu'elles n'ont pas
seulement un rapport direct et important avec les exigences nouvelles créées par les grands et récents progrès dans la construction de l'artillerie, mais qu'elles
contribuent aussi largement à procurer des notions plus
exactes et plus précises sur l'action de la poudre à
canon, quand elle fait explosion dans un espace clos, et
sur l'opération des diverses influences modificatrices
qui peuvent arriver à agir sur elle.

Si nombreux qu'aient été, durant les seize dernières
années, les essais pour substituer d'autres agents explosifs à la poudre à canon, dans les petites armes à feu et
même dans l'artillerie, aucun des rivaux de celle-ci n'a

pu encore faire valoir de droits sérieux à lui succéder
comme agent propulseur, si ce n'est pour la chasse. Et
il ne paraît guère probable, si l'on considère les difficultés qu'il faut affronter pour arriver à régler suffisamment l'action explosive de la poudre afin de l'adapter à
la grosse artillerie de nos jours, que même le plus
maniable en apparence des autres corps explosifs
— le coton-poudre — puisse définitivement se montrer susceptible d'être appliqué avec sécurité dans
une artillerie plus forte que les canons de campagne.
Le dernier insuccès des tentatives réitérées faites
en Autriche pour appliquer le coton-poudre à l'artillerie
et aux petites armes à feu, ne doit pas toutefois être
accepté comme une preuve qu'il n'est vraisemblable-
ment pas possible d'arriver, dans cette direction, à
aucun résultat de quelque valeur. On avait sérieusement
fait des pas en avant, vers l'emploi avec succès du coton-
poudre dans les canons de campagne, avant que la
Commission officielle du coton-poudre eût cessé d'exis-
ter en 1868; et si les expériences à ce sujet, qui furent
alors suspendues, aussi bien que celles qui se rappor-
taient à l'emploi du coton-poudre dans les armes plus
petites, n'ont pas été reprises, c'est seulement parce que
la Commission des matières explosives, à laquelle a été
confiée la mission de faire de plus amples recherches sur
ces matières, s'est trouvée complétement absorbée jusqu'ici par les recherches d'une importance plus immédiate, relatives à la poudre. Voici trois ans déjà que je
consacre un temps considérable à la production de cartouches de coton-poudre comprimé pour les petites
armes à feu, pouvant convenir aux armes se chargeant
par la culasse; et déjà, en ce moment, se pratique, avec
un succès notable, un procédé pour régler la rapidité d'explosion de la matière, en l'imprégnant de parcelles très-fines d'une autre substance inexplosive
et d'ailleurs parfaitement inerte, qui en même temps

communique à la gargousse des propriétés hydrofuges précieuses. On va reprendre en bonne et due forme les expériences avec des gargousses préparées d'après ce système. En même temps, une méthode analogue de traitement vient d'être appliquée à la fabrication de cartouches de chasse en coton-poudre préparé et légèrement comprimé, par MM. Prentice, à l'énergie et à la persévérance de qui nous sommes redevables d'une importante manufacture de coton-poudre, comme important agent explosif.

Bien que la poudre à canon soit encore l'unique agent propulseur susceptible d'application générale, elle ne jouit plus d'un monopole exclusif, relativement à certaines applications également importantes dans la marine, dans l'art militaire et dans l'industrie. L'action très-énergique du chlorate de potasse sur des substances facilement oxydables, et la grande rapidité ainsi que la violence d'explosion des mélanges de cette classe, comparées avec des mélanges similaires contenant du salpêtre, ont donné naissance, depuis bien des années, à des tentatives réitérées, souvent renouvelées dans les mêmes directions, pour appliquer cette substance à la production de puissants remplaçants de la poudre. Des mélanges de cette matière avec de la résine, de la noix de galle pulvérisée, et d'autres substances de nature ou d'origine végétale, ont été proposés, et dans quelques cas appliqués, avec certaines précautions, dans des circonstances où la rapidité et la violence de l'action explosive semblent présenter des avantages, comme dans certains cas d'explosions. Même les mélanges anciens et bien connus de chlorate avec du ferro — et du ferri-cyanure de potasse et de sucre, qui depuis tant d'années se trouvent décrits dans tous les manuels de chimie, sous le nom de *poudre blanche* ou de *poudre allemande*, ont été plus d'une fois reproposés depuis peu, non-seulement pour les explosions de mines, mais encore pour l'usage des armes à feu. L'objection pratique que l'on oppose généralement, et avec raison, contre ce genre de mélanges, c'est qu'ils sont d'un caractère détonant, et par conséquent plus ou moins dangereux à transporter et à manier ; on répond toujours qu'on préviendra le danger en tenant les ingrédients séparés, jusqu'à ce que l'on ait besoin de se servir du mélange. La propriété violemment oxydante du chlorate de potasse rend possible la production de préparations puissamment explosives, à cause de la rapidité avec laquelle s'effectue le mélange des matières premières ; ce qui ne pourrait absolument pas se faire pour la production de mélanges explosifs utiles avec le salpêtre. Ce procédé est néanmoins inadmissible dans la marine et le service militaire, pour diverses raisons ; et les embarras qu'il susciterait aux mineurs chargés d'en faire usage, les conduiraient probablement à renoncer aux avantages qui peuvent résulter de l'emploi de ces mélanges, et à en revenir à la poudre à canon, ou bien à employer d'autres matières dont l'usage ne nécessiterait aucune transformation, même quand il devrait en résulter pour eux le risque d'accidents considérables. Quelques-unes des préparations de cette classe, qui, déguisées sous des noms de fantaisie, ont trouvé moyen de se faire jour entre les mains des mineurs, sont d'un caractère si dangereux, que ce serait presque se rendre criminel de propos délibéré, que de chercher à trouver l'écoulement de ces sortes de produits. Même des mélanges, consistant principalement en chlorate de potasse et en soufre, ont été récemment recommandés comme des agents utiles et sûrs pour les mines. Il est à peine besoin de dire qu'un mélange de ces matières est sujet à faire explosion, à la moindre friction ou au moindre choc ; et, bien que leur extrême inflammabilité puisse être considérablement réduite par le mélange d'autres substances, de tels mélanges seront toujours exposés à une explosion accidentelle, dans l'opération de la charge,

1***

à moins d'être maniés constamment avec le plus grand soin. Au temps de la dernière Exposition, on a fait en France une application spéciale du mélange de chlorate de potasse et de soufre, comme engin de guerre : cette application mérite quelques détails. Le mélange est d'abord réduit en pâte ; on le sèche ensuite, et l'on obtient l'agent explosif en masses dures, destinées à remplir des enveloppes de plomb, puis à être complétement renfermées dans le métal, par une sorte de « torsion. » On obtient ainsi un projectile pour les armes de petit calibre : on peut sans danger le lancer avec un fusil, mais il fait explosion avec une terrible violence même en pénétrant dans la chair, et produit ainsi les plus effrayantes blessures. On doit rappeler la publication, qui remonte à un an, d'essais faits à Londres sur des chevaux avec des balles explosives de cette nature : les résultats ont démontré que cette balle est le plus terrible des agents destructeurs employés jusqu'à présent ; mais les principales nations, peu de temps avant la dernière guerre, sont convenues de ne point faire usage de balles explosives, ce qui a empêché de se servir de ce mode ingénieux d'employer sûrement un mélange si violemment détonant. Il est à peine besoin de dire que les conditions essentielles à la sécurité, que l'on peut facilement remplir en renfermant une matière de ce genre dans un projectile de plomb, et en la lançant par la décharge d'une petite arme à feu, ne souffrent pas comparaison avec celles qui résulteraient du lancement de ces projectiles avec des canons, même de petit calibre.

La découverte d'un agent explosif plus violent que la poudre, que l'on pourrait employer à charger les bombes sans aucun risque d'explosion accidentelle résultant du choc auquel il est exposé dans la décharge du canon, est depuis bien des années considérée comme un *desideratum*. Quelques expériences ont été faites par la dernière Commission du coton-poudre sur l'emploi de cette

substance dans les bombes ; et des obus sphériques ont
été lancés, sans danger, par des mortiers de treize pouces
de calibre ; mais on a obtenu des résultats désastreux,
en employant cette matière pour charger des projectiles
allongés, recouverts de plomb et cloués, lancés avec des
canons rayés. Un petit nombre furent tirés sans inconvénients ; mais, sans que rien fût changé en apparence
dans les conditions, d'autres éclatèrent dans le canon, et
au lieu de simplement denteler et entailler l'intérieur,
comme cela aurait eu lieu si un obus chargé de poudre
eût prématurément éclaté, un canon fut mis complètement hors de service par la violence de l'explosion ;
un autre éclata, et les éclats volèrent à plusieurs cen-
taines de mètres. D'autres expériences systématiques ont
été continuées pour le Gouvernement de temps à autre,
en vue de découvrir pour les obus un sûr et puissant
agent d'explosion. Les forces relatives de désagrégation
et d'éparpillement d'un grand nombre d'agents explosifs
ont été déterminées ; d'abord, en remplissant des bombes
de fonte d'un calibre particulier avec les différentes
matières, on les faisait éclater dans une chambre à parois
très-solides ; on recueillait soigneusement tous les éclats
que l'on pouvait ensuite trouver sur le sol ou bien extraire
aisément des murs de la chambre, et l'on déterminait
le poids individuel et le poids total. De cette façon on
est arrivé à trouver exactement le degré de brisement produit sur les différentes bombes par l'explosion ; et nombre d'agents explosifs, dont on exaltait
la puissance, mais qui ne se sont guère montrés supérieurs à la poudre, ont été éliminés, tandis qu'on réser-
vait les plus puissants pour des expériences ultérieures.
Comme conséquence des résultats ainsi obtenus, nous
dirons que, en faisant éclater un obus du poids de seize
livres une once, chargé de poudre, tous les morceaux
furent facilement recueillis ; il y en avait dix-huit, y com-
pris le tampon de l'obus ; et douze de ces fragments

pesaient plus de huit onces et moins de deux livres ; un seul pesait moins d'une once. En faisant éclater un obus de même sorte et de même poids, chargé avec un mélange de chlorate de potasse et de picrate de potasse, on recueillit cent morceaux, qui pesaient en tout deux livres six onces ; presque quatorze livres de l'obus s'étaient dispersées en éclats trop petits pour pouvoir être individuellement recueillis. Un seulement des fragments ramassés pesait plus de huit onces, et quatre-vingt treize représentaient moins d'une once. Il est à peine besoin d'ajouter qu'une telle désagrégation de l'obus était beaucoup trop considérable pour en faire un projectile d'une grande valeur de destruction ; mais le résultat faisait voir qu'une petite proportion en poids de cette poudre de picrate de potasse, si l'on pouvait l'employer dans les obus, suffirait pour produire le brisement voulu de l'obus et le violent éparpillement des éclats ; par là, il deviendrait possible d'accroître considérablement l'épaisseur du métal de l'obus, et par conséquent son pouvoir destructeur. Les obus de fer refroidi ou obus de Galliser, qui, malgré leur épaisseur considérable, contiennent des charges de poudre comparativement petites, seraient naturellement rendus beaucoup plus destructeurs, si on y substituait aux charges de poudre un agent explosif même considérablement moins violent dans son action que l'un de ceux qui viennent d'être cités comme exemples.

Les expériences d'obus que nous venons de rapporter furent suivies d'une série d'un autre genre, où l'on se proposait d'abord de déterminer la susceptibilité relative d'explosion, par le choc, ou par d'autres causes mécaniques, de la poudre à canon et des agents explosifs réservés, après les expériences précédentes, comme de nature à promettre les meilleurs résultats. Ces expériences consistaient à interposer des quantités définies de ces matières entre des plaques aplaties de cuivre jaune, placées sur un support rigide : on laissait un poids tomber sur elles de différentes hauteurs. On vit bientôt qu'en variant les poids employés, la surface et l'épaisseur de la couche de matière explosive sur laquelle on opérait, on pouvait arriver ainsi à des résultats intéressants et probablement très-utiles. Ces expériences ont, par conséquent, reçu une extension considérable, et j'ai l'espoir sous peu de pouvoir les compléter suffisamment pour en publier les résultats. Il paraîtrait que des expériences de même nature auraient été faites par MM. Girard, Millot et Vogt, l'an dernier, pendant le siége de Paris, sur des mélanges de nitroglycérine, avec diverses substances solides et liquides de caractère inerte, à l'effet de découvrir les moyens les plus sûrs et les mieux appropriés pour l'application et la conservation de ce liquide explosif. Une communication faite à peu près vers le même temps en France, à l'Académie des sciences, par M. Champion, sur l'application à la guerre du mélange de nitroglycérine et de terre siliceuse, bien connu sous le nom de dynamite, contient l'exposé du fait qu'une bombe remplie de dynamite a été lancée sans accident d'un canon au Mont-Valérien, et l'on se hâta un peu trop de tirer de ce seul résultat la conclusion que la dynamite peut-être employée sans danger pour les bombes. Des résultats favorables sur l'emploi de la nitroglycérine dans les bombes ont été obtenus d'une manière plus concluante, il y a trois ans, à Schoeburyness, où six bombes, sur lesquelles se faisait l'expérience, ont été heureusement lancées, contenant des charges d'une préparation solide de nitroglycérine, dans lesquelles un mélange pâteux de coton-poudre et de salpêtre servait de véhicule au liquide, préparation qui constitue, au plus haut degré, une matière éminemment explosive. La puissance de cette substance avait été antérieurement démontrée par des expériences nombreuses, dans lesquelles, entre autres, une charge au-dessous du tiers d'une pleine charge de poudre, mêlée avec la quantité de sciure de bois nécessaire pour remplir la chambre d'une bombe, faisait éclater celle-ci en dix fois autant de morceaux que la charge de poudre. Malgré ces résultats si riches d'espérance, on crut devoir rechercher quelque agent explosif autre qu'une préparation de nitroglycérine, comme matière pour la charge des bombes, et cela pour deux raisons : — d'abord, parce qu'on ne possède pas encore, relativement à la sûreté de la nitroglycérine et de ses préparations, cette confiance bien établie, si essentielle à son emploi dans le service de la marine et de l'armée ; — et secondement, parce que la force explosive de ces préparations, telle que l'avait mise en relief celle que l'on avait expérimentée, paraissait dépasser considérablement ce que demande l'application la plus générale des bombes. Éventuellement, un des sels d'acide trinitrophénique ou d'acide picrique fut trouvé fournir un mélange explosif qui, autant que l'ont fait voir les expériences, s'est montré posséder toutes les qualités essentielles d'une matière applicable dans le service militaire comme « poudre à bombe. »

L'acide picrique, ou acide carbazotique, comme on l'appelait d'abord, est une des plus anciennes substances explosives d'origine organique connues, ayant été découverte dès 1788. On l'obtient par l'action de l'acide nitrique sur diverses substances organiques. Une des premières méthodes pour l'obtenir facilement était l'action de l'acide nitrique sur l'indigo ; mais, il y a treize ans environ, Stenhouse a indiqué une source comparativement abondante de cet acide ; il le produit facilement et en grandes quantités, en faisant agir l'acide nitrique sur la résine de *Xanthorrhæa saxtilis*, qui s'importe en masses considérables de Botany-Bay. Depuis que la fabrication du phénol ou de l'acide carbolique extrait du goudron de houille s'est développée, cette substance est devenue une source très-importante de production d'acide picrique, et, comme couleur jaune brillante et à bon marché, elle est aujourd'hui un précieux article de commerce.

L'acide lui-même ne donne pas d'explosion, mais brûle rapidement avec une flamme brillante; ses sels sont plus ou moins puissamment explosifs, et détonent quand on les frappe. Le sel de potasse est le plus facile à préparer, à cause de sa très-faible solubilité dans l'eau. Il est aussi l'un des plus hautement explosifs. Quand il est mêlé avec des agents oxydants, et spécialement avec du chlorate de potasse, il fournit des matières puissamment explosives; de fait, le mélange au chlorate se rapproche plus de la nitroglycérine et du coton-poudre par sa violence d'action que tout autre agent explosif pouvant être produit d'une manière pratique. Ce mélange est néanmoins si susceptible de détonation par frottement ou par choc, que non-seulement son emploi est impossible dans les bombes, mais encore que l'on ne peut lui donner d'autres applications sans prendre des précautions toutes spéciales. D'autres mélanges contenant du picrate de potasse ont fourni matière à expériences, surtout à Paris, où la substance appelée *poudre-picrate*, ou *poudre Designolle*, composée de chlorate de potasse, de picrate de potasse, de charbon et de salpêtre, a été préparée et expérimentée en grand depuis trois ans, afin de remplacer la poudre à canon dans les armes à feu, et pour d'autres usages. Un terrible accident survenu dans une fabrique de Paris, où l'on produisait de grandes quantités de picrate de potasse, a fait abandonner ces expériences; mais il est à peu près certain que des préparations de picrate se trouvaient parmi les agents de destruction employés par les Communistes dans les derniers troubles de Paris. Dans le cours des expériences sur les bombes contenant diverses matières explosives dont je viens de parler, je me suis trouvé

amené à examiner les propriétés de mélanges de picrate
d'ammoniaque avec des agents oxydants. Ce composé
picrique, facile à préparer sur une grande échelle, se
comporte, quand il est exposé à la chaleur, d'une façon
très-différente du picrate de potasse et de quelques
autres sels de cet acide. Chauffé sur une flamme, il fuse,
se sublime, et brûle sans aucune tendance à faire explosion, tandis que le sel de potasse détone dans les mêmes
conditions. Ce dernier détone aussi avec une certaine
violence, quand il est soumis à une faible percussion,
tandis qu'il est difficile d'obtenir la moindre apparence de
détonation avec le picrate d'ammoniaque en le frappant
avec force et à diverses reprises. Un mélange du sel de
potasse avec du salpêtre, quoique moins susceptible
d'explosion sous un léger choc que le mélange de chlorate, est encore puissamment détonant, au lieu qu'un
mélange de picrate d'ammoniaque et de salpêtre néces-
site un coup violent pour qu'il se produise une détonation légère et partielle, et ne présente aucune tendance
à s'enflammer, quand on le soumet à un frottement très-
vif, qui déterminerait immédiatement l'explosion des
moins sensibles d'entre les matières explosives proposées pour remplacer la poudre. Quand on applique la
flamme aux particules du mélange de salpêtre et de sel
d'ammonium (auquel j'ai donné le nom distinctif de
poudre picrique), les particules déflagrent individuellement avec un sifflement analogue à un échappement
subit de vapeur, et la déflagration a peu ou point de
tendance à se communiquer aux particules contiguës ;
mais, si le mélange est fortement comprimé en espace
clos, comme dans un obus, il fait violemment explosion,
et déploie une action destructive moins formidable que
celle des préparations de fulmi-coton, de nitroglycérine
et de poudre de picrate de potasse, mais considérablement plus grande que celle de la poudre à canon, et
par conséquent devient susceptible de remplacer avan-

tageusement celle-ci, quand on veut obtenir une plus
grande violence d'action avec des obus de petite capacité. Nombre d'obus chargés avec de la poudre picrique ont été tirés sans le moindre accident avec des
canons de différents calibres, allant jusqu'à neuf pouces,
quand on employait une charge de quarante-trois livres
de poudre R. L. G. La sûreté d'emploi de cette substance est par conséquent considérée comme suffisamment établie pour justifier l'établissement d'expériences
sérieuses sur sa puissance comme agent explosif pour
les obus. Une circonstance curieuse et importante qui se
rattache à ce mélange, c'est que, bien que le picrate
d'ammoniaque et le nitrate de potasse subissent une
mutuelle décomposition, avec production du nitrate
d'ammoniaque déliquescent, si les deux composés sont
dissous ensemble dans l'eau, l'addition d'une quantité
d'eau suffisante même pour fortement humecter le
mélange, semble ne plus amener un tel changement,
attendu que le dernier corps, une fois redevenu sec, n'a
pas de tendance croissante à absorber l'humidité de
l'air, ce qu'il fait rarement au même degré que la poudre. La poudre picrique peut, par conséquent, durer
aussi longtemps que la poudre à canon, et comme on
peut se servir d'eau pour incorporer les ingrédients sans
aucune atteinte à la stabilité du mélange, sa préparation
n'est, à aucun degré, plus dangereuse que la fabrication
de la poudre, et l'on peut avec sécurité la soumettre à la
pression et aux procédés de granulation qui sont appliqués à cette dernière. Comme, en outre, le prix de la
poudre picrique, en raison de sa puissance, n'est pas
considérable, cet agent explosif est maintenant reconnu
comme susceptible d'une application avantageuse aux
besoins du service militaire, pourvu que l'on établisse
d'une manière satisfaisante sa supériorité suffisante sur
la poudre au point de vue de la violence d'action. Il
faut ajouter que, quelque temps après la poursuite heu-

reuse des expériences sur cette matière, à mon instiga-
tion, il est venu à ma connaissance qu'un Français,
M. Brugère, avait aussi expérimenté des mélanges contenant du picrate d'ammoniaque, et avait conseillé l'emploi de ce mélange au salpêtre pour remplacer généralement la poudre à canon. Il ne paraît pas qu'on ait pris
aucune mesure en France à cette époque pour soumettre
cette proposition à l'épreuve pratique, et il y a de bon-
nes raisons de croire que, au point de vue des usages
de la marine et de l'armée, la poudre picrique peut difficilement présenter des avantages spéciaux, si ce n'est
comme matière pouvant servir avec sécurité pour la
charge des bombes.

L'application heureuse du remarquable liquide explosif, la *nitroglycérine*, primitivement due au talent et à
l'infatigable persévérance de M. Alfred Nobel, et qui
s'est développée tout particulièrement dans les sept dernières années, présente quelques points d'un grand
intérêt. Bien que ce liquide ait été découvert en 1847,
M. Alfred Nobel a été le premier à en tenter l'application pratique. La proposition qu'il fit d'abord de l'appliquer conjointement avec la poudre (c'est-à-dire, d'ajouter à la force explosive de celle-ci, quand on l'emploie
pour les obus ou pour les explosions de mine, en imprégnant les grains de ce liquide éminemment explosif), n'a
pas obtenu un succès bien marqué. Il paraît ensuite
avoir adopté l'idée qu'en élevant une petite partie d'une
charge de nitroglycérine à une température assez haute
pour amener sa décomposition violente, il pourrait arriver à produire un commencement d'explosion de cette
partie de la charge, qui se transmettrait au reste, et il
fut ainsi conduit par hasard à employer une petite charge
de matière détonante, à peu près comme la composition
d'une capsule à percussion, pour déterminer l'explosion
violente du liquide. Ce moyen ingénieux, dont j'eus
plus tard occasion de rechercher la raison précise dans

son application générale au développement de l'action des substances explosives, est devenu le fondement de l'emploi de la nitroglycérine dans les explosions de mines. L'existence de quelques obstacles très-sérieux à l'usage de la nitroglycérine, dans sa condition purement liquide, a toutefois bientôt été pratiquement démontrée, — en diverses circonstances, surtout, par les accidents les plus désastreux ; et l'habileté de M. Nobel a conséquemment été mise en demeure d'inventer quelque méthode pour obtenir sécurité et, en même temps, certitude d'action, dans l'emploi de ce puissant agent explosif. Ce double but fut atteint jusqu'à un certain point sur une grande échelle, par le mélange de la nitroglycérine avec quelque substance solide d'une nature parfaitement inerte et d'un caractère absorbant, par l'intermédiaire de laquelle le liquide peut s'employer dans des conditions analogues à celles des autres agents explosifs dans l'usage pratique. Le véhicule employé par Nobel est une terre légère et siliceuse, connue en Allemagne sous le nom de « Kieselguhr, » qui peut se mélanger avec trois fois environ son poids de nitroglycérine sans être autre chose qu'humide au toucher, ce qui permet de la manipuler comme une matière solide. Ce mélange, auquel Nobel a donné le nom de *Dynamite*, doit contenir aussi une petite proportion de matière alcaline, qui s'y ajoute à l'effet de neutraliser toute tendance au développement spontané d'acide libre dans la nitroglycérine. La dynamite est aussi susceptible d'explosion par l'action initiative d'une fusée détonante que la nitroglycérine elle-même ; et bien que naturellement elle ne puisse être un agent explosif aussi puissant que cette substance, quand elle est appliquée avec succès dans son état non dilué, sa puissance destructive est encore de beaucoup supérieure à celle de la poudre à canon. Et ce fait, joint à la circonstance que quand elle est convenablement appliquée, elle n'a pas besoin d'être confinée en espace clos pour le développement de sa force explosive, et qu'elle peut être employée, avec certaines précautions, dans des fourneaux de mine humides, sans grande atteinte à son action, a rendu son application très-étendue dans les usages industriels. Certains défauts sont inhérents à la matière, tels que la perte de sa susceptibilité de détonation par les moyens ordinaires à une basse température, et la tendance de la nitroglycérine à se séparer partiellement de la terre siliceuse durant le transport et l'emmagasinage ; mais en balançant ses avantages avec ceux des autres agents explosifs, il faut tenir compte aussi des défauts de ceux-ci ; de sorte que, pourvu que l'uniforme stabilité de la matière devienne fermement établie, et que les appréhensions relatives à son caractère comparativement dangereux, auxquelles certains accidents ont donné naissance, soient atténuées par une plus grande expérience des moyens de l'emmagasiner et de s'en servir, et aussi par les améliorations qu'il est possible d'introduire dans sa fabrication, la dynamite doit prendre un rang élevé parmi les plus utiles agents explosifs de notre époque.

Quelques autres méthodes pour appliquer la nitroglycérine comme agent destructeur ont été portées à la connaissance du public depuis que la dynamite de Nobel est venue s'imposer à l'attention générale. Parmi les préparations proposées, la plus récente, et celle pour laquelle on a réclamé une puissance et des vertus spéciales, est la substance à laquelle son inventeur, M. Engels, a donné le nom de *Lithofracteur*, et qui contient, outre la nitroglycérine et un milieu absorbant du genre de celui de la dynamite, une certaine proportion d'autres matières explosives (comme, par exemple, les ingrédients de la poudre). Cette substance, qui semble avoir été appliquée dans de certaines limites par les Prussiens pendant la dernière guerre, est d'une nature plastique et presque pâteuse, et s'emploie sous forme de rouleaux de papier, qui absorbent une certaine partie de la nitroglycérine. Sa tendance à céder à la pression, même quand elle est subitement appliquée, rend son explosion accidentelle par force mécanique très-difficile, plus difficile probablement que dans le cas de la dynamite. Quant à son droit de supériorité au point de vue de la sécurité et de la puissance sur celle-ci et sur d'autres préparations similaires, c'est encore matière à discussion, et la validité de cette prétention ne peut être déterminée d'une façon satisfaisante que par une expérience comparative faite avec beaucoup de soin.

Pendant le siége de Paris, on a établi une fabrique de dynamite dans les faubourgs de la ville, et, faute de la terre siliceuse particulière que Nobel emploie dans sa préparation, MM. Girard, Millot et Vogt ont fait une série d'expériences, dont j'ai déjà parlé dans cette lecture, dans le but de déterminer la substance que l'on pourrait le mieux employer pour remplacer cette matière absorbante. Leurs résultats ont montré que, en outre de la silice précipitée, les meilleures véhicules à employer sont le kaolin, le tripoli, l'alumine, ou le sucre, ce dernier présentant ce caractère particulier que la nitroglycérine peut facilement s'en séparer par addition d'eau, prétendu avantage que M. Horsley avait antérieurement réclamé pour un mélange de nitroglycérine et d'alun, mais qui peut arriver à devenir un désavantage considérable dans des applications spéciales de ces mélanges, car la tendance de ces matières à se séparer de la nitroglycérine liquide constitue dans les trous de mine humides un inconvénient marqué.

La sciure de bois et d'autres semblables matières absorbantes ont aussi servi de véhicules pour l'application de la nitroglycérine, spécialement en Amérique, sous le nom de *Dualine*; et une autre préparation de nitroglycérine, à laquelle il y a quelques années j'ai donné le nom de *Glyoxiline*, et avec laquelle on a pratiqué avec

succès des explosions de mines et des travaux de génie,
consiste, comme je l'ai déjà dit, en un mélange de coton-
poudre en pâte et de salpêtre, que l'on sature de nitroglycérine. Dans la préparation de cette matière, une des
objections contre l'usage de la nitroglycérine se tirait
de sa nature vénéneuse, et de la facilité avec laquelle elle
est absorbée dans l'organisme ; on peut y répondre en partie jusqu'à un certain point en revêtant les granules ou
masses de glyoxiline d'un enduit de quelque matière
imperméable. Les effets délétères de la nitroglycérine
sur la santé de ceux qui sont constamment à la manier et
à s'en servir, aussi bien que de ses préparations, doivent
inévitablement entraîner des accidents sérieux et fré-
quents, mais ils ne peuvent guère influer sur les applications industrielles de cette substance ; car on sait très-
bien que le risque d'accidents ou d'atteinte permanente
à la santé n'empêche pas les hommes de persévérer dans
l'usage continuel de procédés qui peuvent ajouter aux
fruits de leurs labeurs.

La réunion de l'Association Britannique en 1864 marque la période où le fulmi-coton, tombé en défaveur en
Angleterre et en France, deux ans après sa découverte par
Schœnbein en 1846, fixa de nouveau l'attention publique
dans ce pays. Une Commission fut nommée à la réunion
de Cambridge, pour faire un rapport sur le système de
fabrication et d'application du fulmi-coton, préparé en
Autriche par le baron Von Lenk ; et tout au commencement de l'année suivante, le gouvernement de Sa
Majesté reçut du gouvernement autrichien une communication confidentielle de tous les détails concernant
les améliorations de Von Lenk. Je fus plus tard appelé,
au printemps de 1863, à rechercher pratiquement et
scientifiquement le mérite de quelques modifications
introduites dans le procédé primitif de fabrication, tel
qu'il avait été indiqué par Schœnbein ; et, au commencement de l'année suivante, le Secrétaire d'Etat de la

Guerre institua une Commission, sous la présidence de
Sir Edward Sabine (et renfermant quelques membres de
la Commission de l'Association Britannique), avec la
mission « de rechercher les propriétés du coton-poudre
comme devant être substitué à la poudre à canon. » La
continuation de la partie chimique et manufacturière de
ces recherches ayant été laissée entre mes mains, comme
membre de cette Commission, j'ai communiqué à différentes époques à la Commission et à la Société Royale
les résultats obtenus relativement à la production et à la
composition du coton-poudre, les causes auxquelles
doit être attribué le peu de stabilité qu'il a montré
jusqu'ici, et le degré de réduction ou d'extension
de ces causes, dû aux améliorations de Von Lenk. Quelques expériences rigoureuses ont été pratiquées en
grand, pour la Commission, avec du coton-poudre fabriqué d'après le procédé de Von Lenk, à Waltham Abbey,
en vue de déterminer quel degré de confiance il fallait accorder à ses qualités de conservation ; les résultats ont été si satisfaisants que la Commission, dans le
Rapport qu'elle soumit en 1868, fut à même de poser en
fait l'évidence de la stabilité de cette matière, quand
elle est convenablement fabriquée, tout en étant d'avis
qu'il fallait d'autres expériences encore afin de déterminer ce point important avec une certitude suffisante pour
justifier une adoption générale du coton-poudre dans
le service militaire. Les divers échantillons du coton-
poudre sur lesquels la Commission avait fondé ses conclusions en 1868, ont été conservés jusqu'à présent, dans
les mêmes conditions ; une inspection récente a montré
qu'ils n'ont subi aucune altération. Depuis on a acquis
une expérience de plus de trois ans, favorable à la stabilité de la matière, dont une grande partie comptait
déjà sept ou huit ans de fabrication. Quant aux procédés
de préparation du coton-poudre pour l'usage des mines,
ainsi que pour l'artillerie et les petites armes à feu, pro-

cédés imaginés par Von Lenk, et décrits en détail dans de précédentes réunions de l'Association Britannique, les résultats auxquels est arrivée la Commission n'ont pas suffisamment répondu à l'attente où l'on était d'abord sur la valeur pratique de ces procédés, pour justifier aucune conclusion décisive de nature favorable à ce sujet ; de sorte qu'il reste encore beaucoup à faire pour être en possession d'un critérium propre sur la puissance explosive du fulmi-coton, et pour le rendre réellement susceptible d'être sûrement et avantageusement employé à la place de la poudre.

En examinant les résultats obtenus par l'explosion du coton-poudre sous forte pression (c'est-à-dire, dans un espace clos), et en observant le degré incertain et très-restreint auquel la violence explosive de la matière était susceptible d'être réglée, dans ces circonstances, par les méthodes de torsion d'enroulement et par d'autres expédients employés par Von Lenk, pour donner de la compacité à une charge de cette matière fibreuse, j'ai été conduit à croire que l'on aurait beaucoup plus d'espoir d'atteindre aux résultats désirés, si l'on donnait au coton-poudre une forme facilement susceptible de traitement par compression, de façon à présenter des masses parfaitement homogènes de forme et de densité voulues-ressemblant, en fait, à la poudre à canon par leur carac, tère physique. On y est arrivé en soumettant la fibre de coton-poudre au procédé de transformation en pâte que l'on applique dans la préparation des chiffons et des fibres pour la fabrication du papier, et ensuite en convertissant la pâte en feuilles ou en masses moulées, auxquelles on peut sans difficulté donner une compacité parfaite et une haute densité, au moyen d'appareils mécaniques bien connus.

Cette modification de la méthode de préparation du coton-poudre, quand on l'applique à préparer non-seulement des charges de mines, mais aussi des cartouches

pour les petites armes et pour l'artillerie de petit calibre,
a bientôt fourni des résultats décisifs et riches d'espé-
rances. Les expériences pratiquées jusqu'ici avec la
poudre-coton comprimée dans les petites armes et avec
l'artillerie n'ont été que d'une nature préliminaire,
comme il a déjà été dit ; mais la substitution de charges
de coton-poudre comprimé pour les opérations et les
explosions de mines, au lieu de la corde de coton-poudre
employée jusqu'ici, non-seulement a produit des résultats
grandement améliorés par suite d'une réduction considérable effectuée dans la dimension des charges d'un
poids donné, mais encore a communiqué à la matière
un caractère de sécurité (quant à l'emmagasinage et à
toutes les manipulations dont elle est l'objet) qu'elle ne
possédait pas encore jusqu'à ce jour, attendu que les
masses de coton-poudre comprimé ne peuvent faire
explosion par inflammation accidentelle, à moins qu'elles
ne soient fortement resserrées en espace clos. Les avantages résultant de l'application au coton-poudre de sa
transformation en pâte, n'ont pas été toutefois limités
aux améliorations réalisées au point de vue de son efficacité comme agent explosif ; ils ont été étendus avec un
degré d'importance à peine pressenti d'abord, aux propriétés de la matière, spécialement sous le rapport de la
stabilité, et à sa fabrication, qui en éprouva toute une
révolution. Ainsi, au lieu du coton brut de qualité supérieure et à longue mèche, que l'on avait dû nécessairement employer en pratiquant le système autrichien, on
peut faire usage de toute sorte de coton, et les rognures
ou déchets de filature (tels que ceux qui servent au net-
toyage des machines) conviennent tout aussi bien que
toute autre forme de coton.

La purification du coton brut des graines et de toute
autre matière étrangère à la cellulose, et contenue dans
les fibres creuses, constitue dans le procédé autrichien
une opération préliminaire très-importante. Même après

un traitement à fond avec de l'alcali, et un lavage sérieux, on ne peut venir à bout d'éliminer complétement ces impuretés ; et les produits d'une nature assez indéfinie et comparativement instables, déterminés par l'action des acides sur ces traces d'impuretés organiques, et restant occasionnellement dans le coton-poudre préparé, se sont clairement révélés, dans les recherches que j'ai pratiquées sur la stabilité de cette substance, comme étant le point de départ des modifications que le coton-poudre peut subir par une longue exposition à des températures élevées. Les déchets de coton que l'on emploie aujourd'hui dans la fabrication du coton-poudre ont subi une purification si complète par les divers procédés de fabrique par lesquels ils passent, que, sans qu'il soit besoin d'aucune purification préalable, le coton-poudre préparé qu'on en obtient est pratiquement débarrassé de toutes les impuretés dont je viens de parler.

Le coton ayant été traité par le mélange d'acide nitrique et d'acide sulfurique, et la plus grande partie des acides se trouvant ensuite éliminée, les procédés de purification et de préparation qui suivent, diffèrent entièrement de ceux qu'on emploie dans le système de Von Lenk. Les procédés de purification prescrits par celui-ci, et absolument essentiels, comme le démontre l'expérience quand on prépare le coton-poudre à l'état fibreux, consistaient dans un lavage très-longtemps prolongé (pendant quelques semaines) dans l'eau courante, et ensuite dans un traitement par l'alcali. La capillarité des longues fibres constituait le grand obstacle à une purification rapide, car le déplacement de l'acide de l'intérieur de ces fibres était naturellement une opération très-lente. Dans le système actuel de fabrication, le coton-poudre est rincé deux ou trois fois dans un grand volume d'eau ; on a soin d'extraire celle-ci aussi complétement que possible entre chaque rinçage au moyen d'un appareil centrifuge ; on le place ensuite sur une machine à chiffons du genre de celles qu'on emploie d'ordinaire pour la transformation en pâte dans les papeteries. Là, non-seulement il se trouve réduit à ce grand état de division nécessaire pour sa conversion subséquente en masses homogènes comprimées, mais il subit aussi en même temps une purification très-sérieuse, qui se continue plus complétement encore dans l'opération suivante : la pâte est transmise à ce qu'on appelle techniquement une machine à pocher (*poaching-engine*), où elle est battue de façon à rester uniformément suspendue dans un grand volume d'eau chaude, constamment renouvelée, et rendue légèrement alcaline à la fin de l'opération. Ce lavage est pratiqué sans interruption, jusqu'à ce que des échantillons de la matière en question résistent à une très-forte épreuve de chaleur ; l'opération dure généralement quarante-huit heures. On lave à la fois dix quintaux de coton-poudre dans la machine à pocher : on obtient ainsi un mélange excessivement intime des produits de beaucoup de plongements, et toutes les fluctuations dans la composition du coton-poudre se contre-balancent ainsi mutuellement, ce qui assure naturellement une uniformité beaucoup plus grande dans le pouvoir explosif du produit qu'on ne pouvait s'y attendre d'abord. Quand la pâte du coton-poudre est complétement purifiée, on la convertit en masses compactes de formes et de densité voulues par un moulage préalable, et ensuite par l'application d'une presse hydraulique de quatre à six tonnes de force par pouce carré. Durant toutes ces phases de la fabrication, le coton-poudre reste humide, et par conséquent absolument ininflammable. Même au sortir de la presse, il contient encore environ vingt pour cent d'eau ; il est d'une telle innocuité dans cet état, qu'on peut en découper des plaques au moyen de scies circulaires ou à ruban tournant très-rapidement, et y percer des trous au moyen de machines à perforer, ou même avec un fer chauffé au rouge. Dans cette condition humide et incombustible, le coton-poudre comprimé peut s'emmagasiner dans des caisses imperméables aussi longtemps qu'on voudra ; le séchage final des masses s'opère très-rapidement et sûrement sur des plaques chaudes, librement ouvertes à l'air des deux côtés.

On a fait en grand des expériences nombreuses, pour expérimenter à fond l'innocuité du coton-poudre comprimé. Des boîtes de sapin, remplies de cette matière telle qu'on l'emmagasine, et fermées avec soin, ont été arrangées en piles, et l'on a mis le feu, au moyen d'une fusée, au contenu d'une boîte au centre de la pile. Dans une autre expérience, une des boîtes intérieures d'une pile a été entourée de matière éminemment combustible, à laquelle on a ensuite mis le feu, de façon à entourer la boîte de flammes. Dans tous les cas, les contenus d'une boîte ont brûlé à la fin, mais sans même faire éclater celle-ci, et l'énorme volume de flammes qui se produisait de temps en temps, pénétrait parfois jusqu'à l'intérieur d'une autre boîte dans le tas, et en enflammait le contenu de la même façon ; mais dans aucune circonstance il ne se produisit d'explosion. On retirait de la pile les boîtes dont le contenu était intact sans courir aucun danger, bien que les boîtes enflammées brûlassent encore. Des boîtes fermées, remplies de coton-poudre comprimé, ont été enflammées avec une carabine de Martini-Henry à une distance de cent mètres ; dans quelques cas, la boîte et le contenu étaient percés par la balle sans qu'il y eût inflammation du coton-poudre ; d'autres fois, le contenu prenait feu, mais toujours sans explosion. On a recueilli nombre d'autres preuves pratiques de la sécurité d'emploi du coton-poudre comprimé, comparativement avec la poudre à canon, et avec le coton-poudre à l'état relativement lâche et libre.

Quand les améliorations autrichiennes dans la préparation du coton-poudre furent communiquées à l'Association Britannique en 1864, on insista vivement sur le fait que le développement propre de sa force explosive ne pouvait s'effectuer qu'en renfermant la matière dans des récipients d'une force considérable, comme dans des bombes, dans des cavités fortement bourrées, ou dans de très-fortes caisses de bois ou de métal. Dans des essais pratiqués par nos ingénieurs royaux pendant l'automne de 1863, pour appliquer le coton-poudre à la démolition d'ouvrages à Corfou, les opérations, dans la plupart des cas, ne purent donner de résultats satisfaisants, évidemment par suite de l'insuffisance de solidité des caisses spécialement construites à cet effet, et dont les charges de fulmi-coton avaient été fournies par le gouvernement autrichien. Ces résultats et d'autres non moins infructueux justifièrent la conclusion que le coton-poudre ne pouvait être avantageusement substitué à la poudre à canon pour les opérations militaires de mines et de démolitions, opérations qui doivent s'accomplir très-rapidement, et pour lesquelles, par conséquent, il faut n'avoir besoin que de peu de monde, de matériel et de préparations.

La découverte faite en 1864, par M. Alfred Nobel, que la force explosive de la nitroglycérine peut être pleinement développée sans qu'il soit besoin de resserrer fortement la charge en espace clos, et par l'intermédiaire d'une détonation, a paru donner à cette substance un droit de supériorité si grand et si bien fondé sur le coton-poudre et sur d'autres agents explosifs, au point de vue de quelques-unes de leurs applications, que la prééminence dont a joui ce liquide pendant quelque temps, comme substance explosive, de propriétés tout à fait exceptionnelles, a presque égalé la crainte de son caractère dangereux, crainte inspirée par la succession de terribles accidents qui inaugurèrent son emploi sur une grande échelle. Peu de temps après néanmoins, il arriva à mon assistant, M. E. O. Brown, d'essayer si le coton-poudre comprimé ne ferait pas aussi violemment explosion en plein air, à l'aide d'une détonation, et il obtint un résultat tout à fait semblable à celui que donnait la nitroglycérine. Cette observation m'amena à organiser des recherches expérimentales systématiques, en vue de jeter quelque lumière sur la nature et la cause des remarquables phénomènes présentés par ces deux corps ; et je découvris bientôt que *tous* les composés et mélanges explosifs, même jusqu'à la poudre, sont susceptibles d'explosion violente au moyen d'une détonation, bien que la nature et la force de la détonation requise dussent varier considérablement avec les différentes substances explosives. Les résultats fournis par une recherche attentive des conditions à remplir dans la détermination de la détonation en plein air de ces composés et mélanges, et des causes agissantes, physiques et mécaniques, qui tendent à modifier le caractère des phénomènes produits par leur exposition à la chaleur, au choc, etc., se trouvent détaillés dans les *Transactions* de la Société Royale ; — les grands développements qu'a pris cette lecture m'empêchent d'en présenter actuellement l'analyse. On peut toutefois établir, d'une façon générale, que, bien que la quantité de force mécanique développée par la détonation initiative et la soudaineté de son opération jouent le rôle le plus important pour déterminer la métamorphose violemment soudaine de la substance soumise à leur influence, ni la force, ni la soudaineté du coup ou du choc, ni la chaleur qui s'en développe, ni la nature spéciale ou l'instabilité comparative du corps explosif particulier sur lequel on opère, ne suffisent individuellement ou collectivement pour expliquer tous les phénomènes de la détonation ; mais que certaine particularité encore inexpliquée dans le choc initiatif employé, et probablement quelque rapport physique ou antagonisme entre ce choc et le choc particulier produit par l'explosion de la substance sur laquelle on opère, doit, dans bien des cas, contribuer à produire des résultats, positifs et négatifs, qui ne peuvent s'expliquer d'une manière satisfaisante par la simple action d'une force mécanique, et par conséquent de la chaleur. Pour mieux le faire comprendre, citons deux exemples. La détonation du fulmi-coton comprimé s'opère par l'explosion de 32 centigrammes (cinq grains) de fulminate de mercure confiné, mis en contact avec la masse, mais elle exige dix fois cette quantité du violent agent explosif, le chlorure d'azote, aussi confiné, pour produire le même résultat. D'autre part, la force mécanique développée par l'explosion de la nitroglycérine est pleinement égale à celle que développe le fulminate de mercure, et cependant une quantité de nitroglycérine, environ soixante-dix fois plus forte que le minimum de fulminate exigé pour faire détoner le fulmi-coton comprimé, est impuissante, quand elle fait explosion en contact avec celui-ci, à produire d'autre résultat que la complète désagrégation mécanique de la masse.

Quant à la manière générale dont agit la détonation pour déterminer l'explosion violente ou la soudaine désagrégation chimique d'une substance telle que le coton-poudre, la similitude de cette opération avec celle d'un coup se démontre facilement par des expériences aussi simples que nombreuses, dont l'exposé se trouve dans le travail que j'ai présenté à la Société Royale en 1869; je vais toutefois en rapporter une ou deux, faites avec le fulmi-coton, et qui suffiront probablement à éclairer le sujet actuel. La chaleur développée dans une masse, quand elle est soumise à une percussion, dépend de la résistance que ses particules opposent (par suite de sa rigidité ou de sa solidité) au mouvement du corps qui la frappe. Il peut y avoir besoin de coups répétés pour déterminer l'explosion d'une substance détonante placée à l'état de poudre lâche sur une enclume, la

force étant d'abord en partie employée à comprimer les
particules en masse compacte. Quand celles-ci ne peuvent plus se mouvoir librement, la résistance qu'elles
opposent à la force appliquée détermine la transformation soudaine de celle-ci en chaleur assez élevée pour
provoquer la détonation de la substance frappée. Si,
dans le cas du fulmi-coton, la force développée par une
détonation, même d'un caractère puissant, est appliquée
à agir sur la matière à l'état lâche et floconneux, cette
force est simplement dispersée ; mais si le fulmi-coton
est seulement légèrement comprimé, il faut une détonation beaucoup plus puissante pour son explosion, que
s'il se trouvait à un état très-compact ; et si la masse de
la matière fortement comprimée est seulement très-
petite, elle ne peut être mise en détonation par les
moyens qui réussissent avec des masses plus considérables, à moins de prendre des précautions spéciales, en
la fixant d'une manière rigide à la fusée de détonation,
pour l'empêcher de se disperser sous l'action de la force
déployée par cette explosion. Ces faits, comparés avec
les expériences suivantes, démontrent que l'action d'une
détonation pour développer l'explosion violente de la
substance sur laquelle elle est appelée à opérer, est
celle d'un coup subitement asséné sur quelque partie de
la masse, dont les particules sont en état de résister au
pouvoir moteur ou dispersif de la force mécanique appliquée. Une balle fut tirée d'une carabine de Martini-
Henry à cinquante mètres environ de distance, contre
une plaque de fulmi-coton comprimé, ayant 0,75 pouce
d'épaisseur et 3,75 pouces de diamètre (pesant quatre
onces), librement suspendue dans l'air par une corde :
le fulmi-coton fut simplement troué par la balle. Un résultat semblable fut quelquefois obtenu avec des plaques
de fulmi-coton de même dimension, et avec d'autres du
double d'épaisseur. En faisant l'expérience avec une plaque d'une épaisseur triple, le fulmi-coton s'enflamme,

mais sans détoner sous le choc de la balle. La masse, dans cette circonstance, avait assez d'épaisseur pour offrir une résistance considérable à la puissance de pénétration de la balle ; le passage de celle-ci était conséquemment retardé suffisamment pour donner naissance à un échauffement des particules opposées du fulmi-coton, porté jusqu'à leur point d'inflammation. Cette expérience fut répétée avec le même résultat ; mais quand une balle fut tirée contre un morceau de coton-poudre comprimé de quatre fois l'épaisseur de ceux qu'on avait employés en premier lieu, et du poids d'une livre, le résultat fut la détonation de la masse.

Il est à peine besoin de dire que la détonation d'une grande quantité d'un corps explosif s'opère par la détonation initiative d'une très-petite partie de la masse ; ce cas se présente encore, si la matière est disposée en traînée d'une longueur considérable, la fusée de détonation se trouvant appliquée à l'une des extrémités. On a fait ainsi détoner des rangées de disques de coton-poudre, de trois à cinq pieds de long, avec des intervalles de 0,5 de pouce et de 1 pouce entre les masses individuelles. Il y a cependant une limite de la distance à laquelle se transmet une détonation le long d'une rangée de disques espacés ; cette limite est déterminée par le poids particulier des masses employées. Si elle est dépassée, les masses qui sont à l'extrémité la plus éloignée s'enflammeront et s'éparpilleront au lieu de détoner. Quelques expériences préliminaires ont été faites en vue de déterminer, à l'aide du chronoscope, la rapidité de la marche d'une détonation le long d'une rangée de disques de coton-poudre. Cette rapidité varie certainement avec les dimensions des masses. Dans une expérience avec des disques pesant deux onces chacun, il fut constaté que la détonation s'étendait à trois pieds en un cinq-millième à peu près de seconde.

Le temps nous manque pour examiner beaucoup d'autres points d'un intérêt scientifique se rattachant à la détonation du fulmi-coton comprimé, ainsi que d'autres agents explosifs ; mais on entendra probablement avec intérêt quelques exemples qui montreront, d'une façon concluante, la valeur pratique de ce mode de développement de la force des agents explosifs.

La nécessité de renfermer le coton-poudre et les autres matières explosives dans de puissants récipients, pour développer leur force d'explosion, se trouve grandement réduite, et même entièrement supprimée, dans le cas de charges tirées sous l'eau, quand on se sert de fusées détonantes comme agents d'explosion. Ainsi, si une quantité de poudre à canon qui, emprisonnée dans un puissant récipient de fer, fera explosion d'une manière complète, produisant un effet destructif particulier quand on la tire d'une manière ordinaire, est enfermée dans un mince vase de verre, ou dans une enveloppe de matière imperméable, le récipient éclatera au premier moment de l'inflammation de la charge, et une grande quantité de poudre se dispersera dans l'eau ; mais si l'on emploie une fusée détonante pour enflammer la charge contenue dans l'enveloppe légère, la poudre fera complétement explosion, et l'effet destructeur produit sera pour le moins aussi grand que celui de la charge tirée dans un vase résistant par la méthode ordinaire. Ce résultat est de très-grande importance, parce que, en employant des charges submergées de poudre à canon ou d'autres agents explosifs pour des démolitions ou pour des mines sous-marines, comme engins de guerre, il n'est plus nécessaire d'employer des récipients forts et embarrassants pour obtenir les résultats désirés. Leur force n'a plus besoin que d'être suffisante pour maintenir parfaitement à l'abri de l'eau la charge immergée à la profondeur où elle doit être employée. Dans la récente démolition des débris de naufrage de la *Toison d'or*, en face de Cardiff, par les ingénieurs royaux, des charges considérables (cinq cents livres) de coton-poudre étaient simplement enfermées dans des sacs imperméables, et faisaient explosion à l'aide de fusées détonantes. Les résultats qu'on en obtint furent tout à fait semblables à ceux que donnaient pareilles charges enfermées dans de fortes caisses de fer.

Des masses de matière dure, de dimensions ou de force considérables, comme des blocs de roche dure, d'énormes pièces de fonte, des barres épaisses de fer forgé, peuvent être brisées en plaçant simplement à leur surface une charge comparativement petite, et complétement libre, de fulmi-coton comprimé ou d'une préparation de nitroglycérine, dont on détermine l'explosion au moyen d'une fusée détonante. Dans ces sortes d'opérations, on accroît naturellement l'effet destructif de la détonation en recouvrant la charge qui doit faire explosion, de sable ou d'autre matière devant servir de bourre ; mais dans les opérations pressées, on peut obtenir des résultats avec l'une ou l'autre des matières spécifiées, en les faisant détoner quand elles sont exposées librement à l'air, ce que l'on n'aurait pu obtenir avec les procédés autrefois connus de l'emploi des matières explosives. La démolition des palissades, des ponts et des autres constructions, que l'on peut avoir besoin de détruire ou de mettre hors de service le plus tôt possible, dans le cours des opérations militaires, peut aussi s'effectuer avec beaucoup plus de facilité, de rapidité et de certitude, par la détonation que par les anciens procédés ; et la facilité en même temps que la sécurité avec lesquelles on peut faire ces sortes d'application du fulmi-coton comprimé, ont été démontrées par les nombreuses expérimentations faites par les ingénieurs royaux. Dans les opérations de mines et de carrières, le procédé de recouvrement d'une bourre très-dure, indispensable avec la méthode ordinaire d'explosion des fourneaux de mines,

peut être supprimé par l'application des préparations
de coton-poudre et de nitroglycérine, que l'on fait plus
facilement partir, avec des effets violemment destructifs,
par la détonation, que toute autre matière explosive
aujourd'hui connue. On peut se dispenser ainsi d'une
opération difficile et souvent très-hasardeuse.

Pour les démolitions rapides de bâtiments et d'ouvrages militaires, tels que casemates, magasins et forts,
l'explosion par détonation présente de très-importantes
facilités, tout en réduisant au minimum les difficultés,
le danger et les frais d'une telle opération. On peut
citer à l'appui quelques résultats obtenus dans ce sens
par les ingénieurs royaux avec du coton-poudre comprimé. Il s'agissait de détruire une contrescarpe (faisant partie des vieux ouvrages de Portsmouth), galerie
ayant deux cent cinquante pieds de long sur sept de
large. Le mur de front avait de cinq à cinq pieds neuf
pouces d'épaisseur, et était percé de dix-neuf meurtrières. Il était recouvert d'un cintre de dix-huit pouces
d'épaisseur (d'où l'on avait enlevé le revêtement de
terre), et sa hauteur totale intérieure était de sept pieds
quatre pouces. A chaque extrémité était une ouverture
fermée par une porte de bois, protégée par une grille
de fer, composée de barreaux d'un pouce, à quatre pouces
l'un de l'autre. On se proposa de soumettre cette contrescarpe à une série de petites expériences ; et, en l'absence d'épreuves des effets du fulmi-coton appliqué à
l'intérieur d'un bâtiment, il fut décidé de suspendre
cinquante livres contre le mur, sous la tranche du cintre,
en trois charges disposées à l'une des extrémités de la
galerie. La détonation simultanée de ces charges accomplit la destruction d'environ cent quarante pieds de la
galerie, — cent quatorze pieds à peu près étaient
entièrement démolis. Mais ce n'était là qu'une partie
des dégâts produits. Le choc violent, à l'autre bout de
la galerie, où la colonne de gaz vint se heurter en

s'échappant, occasionna la destruction d'environ quatre-vingts pieds de cette partie de la contrescarpe, et les barreaux de la grille de fer, qui fermait la sortie, furent courbés et tordus en formes fantastiques et lancés à une distance d'environ soixante mètres. Cette longue galerie fut ainsi mise complétement hors de service, et la plus grande partie détruite par la détonation de soixante livres de fulmi-coton comprimé ; assurément, si la même quantité eût été placée au centre au lieu de l'extrémité, la galerie aurait été complétement démolie.

Un autre exemple de la manière simple, rapide et efficace dont on peut accomplir la démolition des constructions d'une force considérable, par la détonation du fulmi-coton comprimé, nous est fourni par la destruction de la tour Martello, près de Rye. Cette construction, de forme circulaire, était bâtie en briques : le mur avait douze pieds d'épaisseur du côté de la mer, et seulement sept pieds six pouces du côté de la terre. Elle avait deux ouvertures de fenêtre et une ouverture de porte ; sa capacité était de sept mille six cents pieds cubes. A la base de cette tour, on disposa deux cents livres de fulmi-coton comprimé, en trois tas, exposés à l'air libre, et arrangés de façon à prendre feu simulta-nément. Par l'explosion, la partie supérieure de la tour, avec le toit, s'éleva doucement de quelques pieds dans l'air, les murs furent culbutés en dehors, et la partie supérieure s'affaissa sur le sol. La démolition de la tour fut complète, sans qu'aucune brique fût projetée à cinquante yards. Toute l'opération fut accomplie par deux ou trois personnes, en une heure après leur arrivée sur le terrain. Une seconde tour fut ensuite démolie avec cent quatre-vingt-quatre livres de coton-poudre, et les résultats furent les mêmes. On a calculé, d'après les données qu'on possède, qu'il aurait fallu au moins douze cents livres de poudre à canon pour pro-duire de pareils résultats.

Dans cette esquisse des progrès récemment accomplis dans l'application des substances explosives, il nous a inévitablement fallu passer bien des points d'importance et d'intérêt. Toutefois, nous en avons dit assez pour montrer que non-seulement la production et l'utilisation de ces puissants agents de destruction, de ces auxiliaires indispensables dans le développement des ressources industrielles, ont progressé d'une manière incomparable pendant ces dernières années, mais aussi qu'il reste encore beaucoup à apprendre sur leur nature et leur mode d'action, ainsi que sur les conditions à remplir pour en faire l'application la plus efficace dans beaucoup de directions importantes.

Traduit par M. P.-A. OGEE,
De Reims.

MÉMOIRE

SUR LA

FORCE DE LA POUDRE ET DES MATIÈRES EXPLOSIVES

Par M. BERTHELOT (EXTRAIT) (1)

Force des matières explosives.

Pour définir la force d'une matière explosive, quatre données sont nécessaires, savoir :

1° La composition chimique de la matière explosive ;
2° La composition des produits de l'explosion ;
3° La quantité de chaleur dégagée dans la réaction ;
4° Le volume des gaz formés.

La *composition chimique de la matière explosive* est connue à l'avance.

La *composition des produits de l'explosion* peut être prévue à l'avance, toutes les fois que la matière explosive contient assez d'oxygène pour transformer les éléments en composés stables et parvenus au plus haut degré d'oxydation.

Quand l'oxygène ne suffit pas pour une oxydation totale, les produits formés varient avec les conditions de l'explosion : température, pression, détente, effets mécaniques, etc.

La *quantité de chaleur dégagée* peut être étudiée par expérience. Elle peut aussi être calculée, en faisant

---

(1) *Annales de Chimie et de Physique*, 4ᵉ série, t. XXIII. (Janvier 1871.)

abstraction des effets mécaniques, toutes les fois que la réaction est exactement connue.

Le *travail maximum* qu'une matière explosive puisse effectuer est proportionnel à ladite quantité de chaleur.

Le *volume des gaz* formés et leur température déterminent la *pression* développée, lorsque la matière explosive se décompose dans une capacité constante. Ce volume (réduit à zéro et $0^m,760$) peut être, soit observé par expérience, soit calculé pour toute réaction exactement connue.

Les applications exigent souvent que l'on se forme une idée des efforts relatifs développés dans les mêmes conditions par les diverses matières explosives. A cette fin, j'ai cru pouvoir adopter *le produit du volume des gaz* (réduit à zéro et à $0^m,760$) *par la quantité de chaleur dégagée*, comme terme de comparaison entre les pressions développées par un même poids de matière explosive, déflagrant dans une même capacité. Ce produit ne mesure certes pas les pressions véritables; mais il joue le principal rôle dans leur détermination, et il est obtenu à l'aide de deux éléments caractéristiques et mesurables par expérience.

Dissociation. — Pour prendre une notion plus complète des effets exercés par les matières explosives, il est nécessaire d'examiner les phénomènes de dissociation. En effet, les quantités de chaleur et les volumes gazeux sur lesquels nous raisonnons sont mesurés à zéro et sous la pression d'une atmosphère. Or, les composés observés dans ces conditions n'existent probablement pas tous, ou en totalité, à la haute température développée pendant la réaction; ils sont remplacés, sans doute, en tout ou en partie, par des combinaisons plus simples. Par suite, la quantité de chaleur correspondante aux réactions réelles est inférieure à la quantité mesurée, ou calculée d'après les produits que l'on observe après refroidissement, ce qui tend à abaisser la température maximum, ainsi que la pression correspondante.

Les phénomènes de dissociation dépendent de la pression aussi bien que de la température. L'état de combinaison des éléments, toutes choses égales d'ailleurs, est d'autant plus avancé que la pression est plus grande.

L'influence décomposante de la température pourra donc être compensée, en tout ou en partie, par l'influence inverse de la pression.

Les phénomènes de dissociation n'exercent pas seulement leur influence sur l'effort maximum que la poudre puisse développer, mais ils interviennent encore pendant la première période de détente. A mesure que les gaz de la poudre se détendent, en agissant sur le projectile, ils se refroidissent : par suite, les éléments entrent en combinaison d'une manière plus complète et avec formation de composés plus compliqués. De là résulte un nouveau dégagement de chaleur, qui s'accroît incessamment pendant toute une période de la détente.

La quantité de chaleur et, par conséquent, le travail maximum que la poudre puisse développer, en brûlant dans une capacité constante, peuvent être calculés indépendamment des phénomènes de dissociation, pourvu que l'état final de température et de combinaison des éléments soit exactement connu. Cette remarque est fondamentale.

Il s'agit maintenant d'appliquer les résultats généraux qui précèdent aux diverses matières explosives.

I. — Poudres à base d'Azotate et de Chlorate.

1ª *Poudres à base d'azotate de potasse.*

Poudre de chasse. — On sait que la composition des poudres à base d'azotate de potasse varie entre des limites fort étendues. On distingue principalement la poudre de chasse, la poudre de guerre et la poudre de mine.

La poudre de chasse offre à peu près la même composition que la poudre étudiée par MM. Bunsen et Schischkoff (nitre 78,9 ; soufre 9,8 ; charbon 11,3). L'équation suivante :

$$8\,Az\,O^6K + 6\,S + 13\,C = 5\,SO^4K + 2\,CO^3K + KS + 8\,Az + 11\,CO^2,$$

représente assez exactement les analyses.

D'après cette équation, on peut calculer la chaleur dégagée dans la réaction. En effet, l'on a :

1° État initial, calculé depuis les éléments :

$$8(Az + O^6 + K) = 8\,Az\,O^6K \text{ dégage } 8 \times 129\,000 \quad 1\,032\,000^{cal}$$

2° État final, calculé depuis les éléments :

$$5(S + O^4 + K) = 5\,SO^4K \text{ dégage } 5 \times 166\,300. \quad 831\,500$$
$$2(C + O^3 + K) = 2\,CO^3K \text{ dégage } 2 \times 134\,600. \quad 269\,200$$
$$K + S = KS\ldots\ldots\ldots\ldots\ldots\ldots\ldots\ldots \quad 45\,300$$
$$11(C + O^2) = 11\,CO^2 \text{ dégage } 11 \times 47\,000\ldots \quad 517\,000$$

Somme...... 1 663 000

Retranchant....... 1 032 000

On a la chaleur dégagée dans la réaction, pour 983 grammes de poudre............ 631 000

On a la chaleur dégagée dans la réaction, pour 983 grammes de poudre............ $631\,000^{cal}$

On déduit de là que 1 kilogramme de poudre de chasse, complétement brûlée, dégage 642 000 calories et donne naissance à 216 litres de gaz permanents.

Le produit de ces deux nombres, lequel peut servir de terme de comparaison dans l'étude des pressions, est égal à 139 000. On a négligé dans ces formules la vaporisation des composés salins. Sous la pression de $0^m,760$ et à une température convenable t, le volume total des produits gazeux serait 306 litres $(1 + \alpha t)$.

Poudre de guerre. — Elle peut être représentée par l'équation suivante :

$$8 \, AzO^6K + 6\tfrac{1}{2}S + 15 \, C = 4 \, SO^4K + 2\tfrac{1}{2}CO^3K + 1\tfrac{1}{4}KS^2 + 8 \, Az + 11\tfrac{1}{2}CO^2 + \tfrac{3}{4}CO.$$

D'après cette équation on a :

1° État initial, depuis les éléments :

$$8 \, (Az + O^6 + K) = 8 \, AzO^6K \dots \dots \quad 1\,032\,000$$

2° État final, depuis les éléments :

$$4 \, (S + O^4 + K) = 4 \, SO^4K \dots \dots \quad 665\,200$$
$$2\tfrac{1}{2}(C + O^3 + K) = 2\tfrac{1}{2}CO^3K \dots \dots \quad 370\,200$$
$$1\tfrac{1}{4}(K + S^2) = 1\tfrac{1}{4}KS^2 \dots \dots \quad 56\,600$$
$$11\tfrac{1}{2}(C + O^2) = 11\tfrac{1}{2}CO^2 \dots \dots \quad 540\,500$$
$$\tfrac{3}{4}(C + O) = \tfrac{3}{4}CO \dots \dots \quad 9\,100$$

$$\text{Somme} \dots \dots \quad 1\,641\,600$$
$$\text{Retranchant} \dots \dots \quad 1\,032\,000$$

On a la chaleur dégagée $\dots \dots \quad 609\,600$ pour 1 002 grammes de poudre de guerre.

On déduit de là que 1 kilogramme de poudre de guerre, brûlée complétement, dégage 608 500 calories et donne naissance à 225 litres de gaz permanents. Le produit de ces deux nombres est égal à 137 000.

La vaporisation totale de tous les composés, à $t°$, produirait 314 litres $(1 + \alpha t)$, sous la pression normale.

Ces nombres diffèrent peu de ceux relatifs à la poudre de chasse.

Poudre avec excès de nitre. — Pour compléter la combustion de la poudre, il faudrait employer 25 équivalents d'oxygène, soit 5 équivalents d'azotate de potasse :

$$5 \, AzO^6K + 3 \, S + 8 \, C = 3 \, SO^4K + 2 \, CO^3K + 6 \, CO^2.$$

On a donc, pour l'état initial, depuis les éléments :

$$5(Az + O^6 + K) = 5\,Az\,O^6\,K \ldots 5 \times 129\,000 = 645\,000$$

État final, depuis les éléments :

$$3(S + O^4 + K) = 3\,SO^4K \ldots\ldots\ldots\ldots\ldots\ldots 498\,900$$
$$2(C + O^3 + K) = 2\,CO^3K \ldots\ldots\ldots\ldots\ldots 269\,200$$
$$6(C + O^2) = 6\,CO^2 \ldots\ldots\ldots\ldots\ldots\ldots 282\,000$$

Somme 1 050 100

Donc la chaleur dégagée dans la réaction sera
pour 601 grammes 405 100

1 kilogramme de cette poudre (1) dégagera 675 000 calories et donnera naissance à 111 litres de gaz permanents. La vaporisation totale à $t°$ produirait 203 litres $(1 + \alpha t)$.

La chaleur produite surpasse un peu celle des poudres de chasse et de guerre ; mais le volume des gaz permanents développés par ces dernières est double de celui qui répond à une combustion complète. Aussi le produit caractéristique des pressions, dans le dernier cas, c'est-à-dire 74 900, n'est-il guère que la moitié du nombre correspondant pour les poudres de chasse et de guerre.

La combustion complète, opérée par un excès de nitre, n'est donc pas avantageuse, au point de vue des effets développés par la pression de la poudre. La pratique avait déjà constaté cette infériorité de la poudre avec excès d'azotate.

Les nombres précédents permettent quelques comparaisons intéressantes entre les effets produits par les diverses poudres.

(1) Elle renferme :
    Nitre...................... ... 84,0
    Soufre...................... 8,0
    Carbone.. 8,0

Supposons une poudre brûlant dans un espace qu'elle remplit entièrement, comme il arrive dans les mines et dans les projectiles : on peut distinguer les phénomènes de dislocation, dus surtout à la pression initiale, et les phénomènes de projection, dus au travail total. Or nous sommes convenus de comparer les pressions d'après le produit obtenu en multipliant l'une par l'autre les deux données caractéristiques : volume des gaz et quantité de chaleur. Ce produit offre les valeurs suivantes :

Pour la poudre de chasse. 139 000
Pour la poudre de guerre. 137 000
Pour la poudre de mine. 88 000
Pour la poudre à excès de nitre. . .   75 000

Les deux premières devront donc donner lieu aux mêmes effets de dislocation. Toutefois, ces inductions sont subordonnées aux phénomènes de dissociation, lesquels réduisent la pression théorique initiale dans une proportion inconnue.

Au contraire, le calcul de la chaleur dégagée à volume constant, et, par conséquent, celui du travail maximum sont indépendants des phénomènes de dissociation. Le travail maximum sera donc proportionnel aux nombres suivants, par kilogramme de poudre :

Poudre de chasse. . . . .   642 000 $\times$ 425
Poudre de guerre. 608 500
Poudre de mine. 510 000
Poudre à excès de nitre. . .   675 000

En d'autres termes, la poudre de chasse, la poudre de guerre et surtout la poudre avec excès de nitre, l'emportent sur les autres au point de vue du travail mécanique, spécialement lorsque ce travail est destiné à communiquer instantanément de la force vive aux éclats d'un projectile, brisé par l'effort d'une pression intérieure qui s'est développée à volume constant.

2***

Mais si la communication de force vive se faisait peu à peu et pendant la détente progressive des gaz à volume variable, dans un canon par exemple, les effets seraient plus compliqués, parce qu'ils dépendraient des phénomènes de dissociation, tels que nous les avons discutés dans la première partie.

2° *Poudres à base d'azotate de soude.*

L'azotate de soude se prête aussi bien que l'azotate de potasse à la fabrication des poudres; il a été employé en grand dans les travaux de l'isthme de Suez et il présente une économie notable. Malheureusement ce sel est fort hygrométrique et la conservation des poudres qu'il concourt à former exige des précautions spéciales.

Soit d'abord une composition équivalente à celle que nous avons admise pour la poudre de chasse.

$$8(Az\ O^6NaO) + 6\ S + 13\ C = 5\ (SO^4Na) + 2(CO^3Na)$$
$$+ NaS + 8\ Az + 11\ CO^2.$$

Calculons la chaleur dégagée.

État final, depuis les éléments :

Formation de 8 Az O⁶Na....	8 × 121 700...	973 600

État final :

Formation de 5 SO⁴Na....	5 × 159 400....	795 500
2 CO³Na...	2 × 131 700....	263 400
NaS environ...............		43 000
11 CO²........	11 × 47 000.....	517 000
		1 618 900
		973 600
Chaleur dégagée, pour 822 grammes de poudre.		645 300

Il résulte de ces chiffres que la poudre à base d'azotate de soude dégagera, à équivalents égaux, presque la même quantité de chaleur que la poudre à base de potasse : 645 000 calories, au lieu de 631 000.

Elle fournira le même volume de gaz, c'est-à-dire 212 litres de gaz permanents à zéro $0^m,760$. Elle fournirait 301 litres $(1 + \alpha t)$, dans l'hypothèse d'une vaporisation totale.

1 kilogramme de poudre à base de soude développera 766 000 calories et 284 litres de gaz à zéro et $0^m,760$. La vaporisation totale produirait 353 litres $(1 + \alpha t)$.

3° *Poudre au chlorate de potasse.*

La poudre au chlorate de potasse a été fabriquée autrefois dans les proportions suivantes : chlorate 75,0 ; soufre 12,5 ; charbon 12,5.

Cette poudre est éminemment brisante et facile à enflammer ; sa préparation a donné lieu à de terribles accidents.

La composition précédente répond aux rapports

$$3 (Cl O^6 K) + 4 S + 10 C = 3 K Cl + 4 SO^2 + 10 CO.$$

Calculons la chaleur dégagée :

État initial, depuis les éléments.

Formation du chlorate de potasse :

$$Cl + O^5 + HO + n Aq = Cl O^6 H + n Aq.$$

Favre. . . . . $- 65 200^{cal}$

$$K + O + HO \, n\, Aq = K HO^2 + n Aq.$$
(t. XXII, p. 67). . . . . $+ 78 100$

Union de la base et de l'acide dissous (Favre) . . . . $+ 15 200$

Séparation du sel sec (Favre). . . . . . $+ \quad 8 700$

$Cl + O^6 + K = Cl O^6 K$ sec $= 122^{gr},5$

dégage . . . . $+ 36 800^{cal}$

Soit pour 3 ClO⁶K.................................. 110 400

$\qquad$ État final, depuis les éléments :

(1) $K + Cl = K\,Cl$ sec.

Favre et Silbermann..................... 101 700
Andrews. 103 800

$\qquad\qquad$ Moyenne............ 102 700

Soit pour 3 K Cl............................. 308 100

(2) $S + O^2 = SO^2$.

Dulong 41 600
Hess 41 100
Favre et Silbermann................... 35 700
Andrews............................. 36 900

$\qquad\qquad$ Moyenne 38 800

Soit pour 4 SO²........................... 155 200

(3) $C + O = CO$ (*Annales de Chimie et de Physique*, 4ᵉ série, t. VI, p. 360)....... 12 500

Soit pour 10 CO........................... 125 000

Chaleur dégagée par la réaction de 492 grammes de poudre.............................. 477 900

1 kilogramme de cette poudre dégagera 972 000 calories ; elle fournira 318 litres de gaz permanents à zéro et 0ᵐ,760 ; ou bien encore 453 litres $(1 + \alpha t)$, dans l'hypothèse de la vaporisation saline. Enfin le produit caractéristique des pressions est égal à 309 000. Ces valeurs sont plus fortes que celles de presque toutes les poudres à base d'azotate.

Les pressions exercées par cette poudre sont donc plus grandes, et les quantités de chaleur développées plus considérables, c'est-à-dire qu'elle doit produire à la fois des effets de dislocation et des effets de projection supérieurs à ceux des poudres à base d'azotate. Ces conclusions s'accordent parfaitement avec les faits connus.

L'extrême facilité avec laquelle détone la poudre au chlorate de potasse, sous l'influence du moindre choc, est une conséquence de la grande quantité de chaleur dégagée par la combustion des parcelles enflammées tout d'abord : cette chaleur élève la température des parties voisines, — davantage avec la poudre au chlorate qu'avec la poudre au nitrate.

Non-seulement la poudre au chlorate est plus énergique et plus inflammable, mais ses effets sont plus rapides : c'est une poudre brisante. La théorie peut encore rendre compte de cette propriété. En effet, les composés produits par la combustion de la poudre au chlorate sont tous des composés binaires, les plus simples de tous et les plus stables, tels que le chlorure de potassium, l'oxyde de carbone, l'acide sulfureux. De tels composés doivent éprouver les phénomènes de dissociation à une température plus haute et d'une manière moins marquée que les combinaisons plus complexes et plus avancées, telles que le sulfate de potasse et le carbonate de potasse, ou bien encore l'acide carbonique, combinaisons produites par la poudre au nitrate.

II. — Composés explosifs définis.

1° *Chlorure d'azote.*

Le chlorure d'azote détone, comme on sait, en se résolvant en éléments :

$$Az\,Cl^3 = Az + 3\,Cl.$$

La quantité de chaleur dégagée dans cette réaction a été déterminée par MM. H. Sainte-Claire Deville et Hautefeuille (1) : elle s'élève à $316^{cal},4$ par gramme de chlo-

____

(1) *Comptes rendus des séances de l'Académie des Sciences,* t. LXIX, p. 132.

rure d'azote, d'après la moyenne de leurs expériences :
1 gramme développe d'ailleurs 370 litres de gaz à zéro
et $0^m,760$.

Le nombre caractéristique des pressions sera égal à
117 000 ; il ne diffère pas beaucoup de celui des poudres
à base d'azote de potasse.

Le travail maximum que le chlorure d'azote puisse
effectuer est très-considérable ; cependant il ne dépasse
guère la moitié de celui de la poudre, lorsque ces deux
substances font explosion dans une capacité égale,
quelle qu'elle soit. Ce sont là des résultats qui semblent
contredire, à première vue, ce que l'on sait des phénomènes terribles produits par le chlorure d'azote : le
chlorure d'azote, en effet, est regardé comme le type des
substances brisantes et qui ne peuvent être employées
dans les armes, pour effectuer les travaux de projection
que la poudre réalise par sa détente progressive.

Tâchons de nous rendre compte de ces différences.
La principale, sans doute, doit être attribuée à la nature
des produits de l'explosion et à l'absence complète de
tout composé susceptible de dissociation. En effet, la
pression et le travail résultent de la chaleur dégagée
dans la décomposition du chlorure d'azote. Or celui-ci
donne naissance à des corps élémentaires qui n'ont
aucune tendance à se recombiner, quelles que soient la
température et la pression. La pression initiale atteindra
donc tout d'abord son maximum, et le chlorure d'azote
fournira de suite tout le travail dont il est susceptible,
soit en disloquant les matériaux sur lesquels il agit, soit
en les écrasant, s'ils ne sont pas suffisamment compactes,
soit enfin en leur communiquant sa force vive sous forme
de mouvements de projection et de rotation.

Il y a plus : la pression décroîtra très-brusquement,
tant par le fait de ces transformations que par celui du
refroidissement et de la détente des gaz ; et elle décroîtra
sans qu'aucune nouvelle quantité de chaleur, produite

durant la période de décroissement, intervienne pour modérer la chute rapide des pressions. Pression initiale énorme et s'abaissant presque subitement, ce sont là des conditions éminemment favorables à la rupture des vases qui contiennent le chlorure d'azote.

On voit que la théorie rend assez bien compte des différences observées entre les propriétés du chlorure d'azote et celles de la poudre ordinaire. Cependant il faut encore signaler quelques autres circonstances, telles que la propagation successive de la transformation dans la masse entière, et surtout la durée des réactions moléculaires.

Pour propager la transformation dans une masse qui détone et qui n'est pas soumise aux mêmes actions dans toutes ses parties, il faut que les mêmes conditions physiques de température, de pression, etc., qui ont provoqué sur un point le phénomène, se reproduisent successivement, et couche par couche, dans toutes les portions de la masse.

Ce n'est pas tout. La masse entière étant placée dans les mêmes conditions de température, de pression ou de mouvement vibratoire, etc., il semble que la réaction doive se développer instantanément dans toutes les parties à la fois. Or l'observation prouve que les réactions moléculaires réclament en général un certain temps pour s'accomplir, même lorsqu'elles dégagent de la chaleur.

Bref, toute réaction moléculaire, opérée au sein d'un corps homogène et soumis à des conditions qui semblent identiques pour toutes ses parties, est affectée d'un coefficient caractéristique relatif à la durée. Ce coefficient dépend de la température et de la pression ; il joue un rôle essentiel dans l'étude des propriétés inégalement brisantes des composés explosifs.

En outre, la durée plus ou moins grande d'une réaction ne change point la quantité de chaleur dégagée par la transformation totale d'un poids donné de matière explosive. Mais si les gaz formés se détendent à mesure, par suite du changement de la capacité que la fuite du projectile agrandit, ou bien encore par suite du refroidissement dû au contact des parois, dans ces circonstances, dis-je, les pressions initiales seront d'autant moindres que la transformation d'un poids donné de matière explosive durera plus longtemps. Au contraire, lorsqu'une transformation très-rapide de toute la masse, au sein d'un vase fermé, jointe à l'absence des phénomènes de dissociation, permet aux pressions initiales d'atteindre l'immensité de leurs limites théoriques, ou d'en approcher, nulle résistance connue ne pourra contenir les gaz de l'explosion.

Il en sera ainsi, non-seulement pour un corps explosif placé dans une capacité fixe et résistante, mais pour un tel corps placé dans une mince enveloppe, ou sous une couche d'eau, ou même à l'air libre. En effet, quand la durée des réactions décroît outre mesure, les gaz dégagés développent des pressions qui augmentent avec une extrême rapidité ; si rapidement que les corps environnants, solides, liquides ou même gazeux, n'ont pas le temps de se mettre en mouvement pour y obéir graduellement ; ils opposent à la détente des gaz des résistances comparables à celles d'une paroi fixe. On sait qu'il suffit d'une pellicule d'eau à la surface du chlorure d'azote pour donner lieu à de tels effets (1). Plus la durée de la réaction approche d'être instantanée, plus la pression initiale, même dans un vase ouvert, devient voisine de la pression théorique, celle-ci étant calculée pour le cas d'une décomposition opérée dans une capacité constante, entièrement remplie par la matière explosive. C'est ainsi que l'on peut rendre compte des effets extra-

____

(1) Une partie de cet oxygène donne parfois naissance à du bioxyde d'azote.

ordinaires de destruction produits par la nitroglycérine
ou la poudre-coton comprimée, appliquées sans bourrage dans des trous librement ouverts, ou même à la
surface des rochers et des morceaux de fer. Dans une
réaction extrêmement rapide, la commotion due au
développement subit de ces pressions presque théoriques
peut se propager à travers l'air lui-même, projeté en
masse, comme l'ont montré les explosions de certaines
poudrières et les expériences de M. Abel sur une
série de blocs de poudre-coton comprimée. Le choc
propagé soit par une colonne d'air, soit par une masse
liquide ou solide, varie avec la nature du corps explosif
et son mode d'inflammation : il est d'autant plus violent,
que la durée de la réaction chimique est plus courte et
qu'elle développe plus de gaz, c'est-à-dire une pression
initiale plus forte, et plus de chaleur, c'est-à-dire de
travail, pour le même poids de matière explosive.

2ª *Nitroglycérine.*

La nitroglycérine est réputée la plus énergique des
substances explosives. Elle disloque les montagnes, elle
déchire et brise le fer, elle projette des masses gigan-
tesques. Malgré de redoutables accidents, l'industrie
des Américains, des Suédois, des Anglais et d'autres
peuples encore, a su tirer parti de ces propriétés extraor-
dinaires.

Examinons si elles sont d'accord avec nos théories.

La décomposition de la nitroglycérine peut être représentée par l'équation suivante :

$$C^6H^2 (Az\,O^6H)^3 = 6\,CO^2 + 5\,HO + 3\,Az + O.$$

On voit que la nitroglycérine jouit de la propriété
exceptionnelle de renfermer plus d'oxygène qu'il n'est
nécessaire pour en brûler complétement les éléments.

3

1 kilogramme de nitroglycérine, sous une pression de $0^m,760$ et à une température capable de vaporiser l'eau, produit, en se décomposant, 710 litres $(1 + \alpha t)$ de gaz ; 1 litre de nitroglycérine produira davantage, soit 1 153 litres $(1 + \alpha t)$, à cause de sa densité (1,60). Sous le même poids, la nitroglycérine produit donc trois fois et demie autant de gaz que la poudre au nitrate, deux fois autant que la poudre au chlorate. Sous le même volume, elle produit près de six fois autant de gaz que la poudre ordinaire au nitrate.

La chaleur dégagée de la réaction l'emporte aussi beaucoup. Elle peut être évaluée à 302 000 calories pour un équivalent de nitroglycérine (l'eau étant produite sous forme gazeuse), soit 2 028 000 calories pour 1 litre, 1 330 000 pour 1 kilogramme. Cette dernière quantité est double de la chaleur dégagée par le même poids de poudre à base d'azotate et supérieure d'un tiers à la poudre à base de chlorate.

Ainsi, la nitroglycérine produit, sous le même poids, trois fois et demie autant de gaz et deux fois autant de chaleur que la poudre de guerre.

Le produit caractéristique des pressions est égal à 944 000, c'est-à-dire sept fois aussi considérable ; tandis que le travail maximum est seulement double de celui de la poudre ordinaire. La différence entre les effets des deux substances, prises sous le même poids pour des applications pratiques, est facile à prévoir.

Sous le même volume, cette différence est plus grande encore. En effet, 1 litre de nitroglycérine pèse 1 k. 60, et 1 litre de poudre ordinaire, 0 k. 900 environ. Sous le même volume que la poudre, la nitroglycérine devra développer une pression dix à douze fois aussi grande, ce qui pourra être réalisé dans une capacité complètement remplie, comme il arrive dans un trou de mine, ou bien quand on opère sous l'eau. Dans ces conditions, le travail maximum développé par un litre de nitroglycérine pourrait s'élever à près de 900 millions de kilogrammètres, valeur triple de celle du travail maximum de la poudre sous le même volume.

Ces chiffres colossaux ne sont sans doute jamais atteints dans la pratique, surtout à cause des phénomènes de dissociation ; mais il suffit qu'on en approche pour expliquer pourquoi les travaux, et surtout les pressions développées par la nitroglycérine, surpassent les effets produits par toutes les autres matières explosibles usitées dans l'industrie. Les rapports que ces chiffres signalent entre la nitroglycérine et la poudre, par exemple, s'accordent assez bien avec les résultats empiriques observés dans l'exploitation des mines.

La rupture en éclats et l'explosion du fer forgé, effets que la poudre ordinaire ne saurait produire, sont de nouvelles preuves de l'énormité des pressions initiales développées par la nitroglycérine.

Si la nitroglycérine est brisante, cependant elle fracture les roches sans les écraser en menus fragments. Cette propriété s'explique encore par les phénomènes de dissociation : les éléments de l'eau et de l'acide carbonique doivent être en partie séparés dans les premiers moments, ce qui diminue les pressions initiales ; mais la formation de l'eau et de l'acide carbonique, se complétant pendant la détente, reproduit successivement de nouvelles quantités de chaleur qui régularisent la chute des pressions. La nitroglycérine agira donc pendant la détente à la façon de la poudre ordinaire. Cependant, la dissociation doit être moindre avec la nitroglycérine, parce que les composés formés sont plus simples et les pressions initiales plus fortes.

Bref, la nitroglycérine réunit les propriétés en apparence contradictoires des diverses matières explosives : elle est brisante, comme le chlorure d'azote ; elle disloque et fracture les roches sans les écraser, comme la poudre ordinaire, quoique avec plus d'intensité ; enfin, elle produit des effets excessifs de projection : toutes ces propriétés, reconnues par les observateurs, peuvent être prévues et expliquées par la théorie.

Il suffit de la chute d'un poids tombant de $0^m,25$ de hauteur pour déterminer l'explosion de la nitroglycérine. Mais les circonstances de cette explosion sont très-différentes suivant que l'on opère par simple choc, par le contact d'un corps en ignition faible, ou vive, ou d'une fusée ordinaire, ou bien encore par le contact au fulminate de mercure.

Tout d'abord on serait porté à attribuer les effets à la chaleur dégagée par la compression due au choc du poids brusquement arrêté. Mais le calcul montre que l'arrêt d'un poids de quelques kilogrammes, tombant de $0^m,25$ ou de $0^m,50$ de hauteur, ne pourrait élever que d'une fraction de degré la température de la masse explosive, si la chaleur résultante était répartie uniformément dans la masse entière : celle-ci ne saurait donc atteindre ainsi la température de 190 degrés, à laquelle il paraît nécessaire de porter subitement toute la masse pour en provoquer l'explosion.

C'est par un autre mécanisme que la force vive du poids, transformée en chaleur, devient l'origine des effets observés. Il suffit d'admettre que les pressions qui résultent du choc exercé à la surface de la nitroglycérine étant trop subites pour se répartir uniformément dans toute la masse, la transformation de la force vive en chaleur a lieu surtout dans les premières couches atteintes par le choc; celles-ci pourront être portées ainsi subitement à 190 degrés, et elles se décomposeront aussitôt en produisant une grande quantité de gaz. La production des gaz est à son tour si brusque que le corps choquant n'a pas le temps de se déplacer, et que la détente soudaine des gaz de l'explosion produit un nouveau choc, plus violent sans doute que le premier, sur les couches situées au-dessous. La force vive de ce nouveau choc se change en chaleur dans les couches qu'il atteint d'abord. Elle en détermine l'explosion, et cette alternative entre un choc développant une force vive qui se change en chaleur, et une production de chaleur qui élève la température des couches échauffées jusqu'au degré d'une explosion nouvelle, capable de reproduire un choc; cette alternative, dis-je, propage la réaction de couche en couche dans la masse entière. La propagation de la déflagration a lieu ainsi avec une vitesse incomparablement plus grande que celle d'une simple inflammation provoquée par le contact d'un corps en ignition, et opérée dans des conditions où les gaz se détendent librement, au fur et à mesure de leur production.

Ce n'est pas tout : la réaction provoquée par un premier choc, dans une matière explosive donnée, se propage avec une vitesse qui dépend de l'intensité du premier choc, puisque la force vive de celui-ci transformée en chaleur détermine l'intensité de la première explosion, et par suite celle de la série entière des effets consécutifs. Il résulte de là que l'explosion d'une masse solide ou liquide peut se développer suivant une infinité de lois différentes, dont chacune est déterminée, toutes choses égales d'ailleurs, par l'impulsion originelle. Plus le choc initial sera violent, plus la décomposition qu'il provoque sera brusque, et plus les pressions exercées pendant le cours entier de cette décomposition seront considérables. Une seule et même substance explosive pourra donc donner lieu aux effets les plus divers, suivant le procédé d'inflammation.

Précisons davantage les phénomènes chimiques. Ici, le nombre des modes de décompositions possibles n'est pas illimité ; mais ce nombre est généralement multiple, et il dépend de la température et de la vitesse de l'échauffement.

Parmi ces décompositions, celles qui développent le plus de chaleur sont évidemment celles qui donneront lieu aux effets explosifs les plus violents ; mais, par contre, ce ne sont pas, en général, celles qui se produisent à la plus basse température possible. Si donc le corps explosif ne reçoit dans un temps donné qu'une quantité de chaleur insuffisante pour en élever la température jusqu'au degré correspondant aux réactions les plus violentes, il éprouvera une décomposition capable de dégager moins de chaleur, voire même d'en absorber ; et il pourra se détruire complétement par cette décomposition, sans développer les effets explosifs les plus énergiques.

Le contraire se produira, si le corps est brusquement échauffé jusqu'à la température correspondant aux réactions les plus énergiques.

Enfin la multiplicité des réactions possibles entraînera toute une série d'effets intermédiaires, et cela d'autant mieux que, suivant le mode d'échauffement, il pourra arriver que plusieurs décompositions se succèdent progressivement. Cette succession de décompositions entraîne même des effets plus compliqués, comme l'a fait observer M. Jungfleisch, lorsque la première décomposition, au lieu de produire une élimination totale de la partie décomposée (changée en matières gazeuses ou volatiles), donnera lieu à un partage de la substance primitive en deux parties, l'une gazeuse, l'autre solide ou liquide, qui reste exposée à l'action consécutive de l'échauffement. La composition de ce résidu n'étant plus la même, comme il arrive, par exemple, avec la nitroglycérine qui a dégagé d'abord une portion de son oxygène sous forme de vapeurs nitreuses, les effets de sa destruction consécutive pourront être complétement changés.

Telles sont les causes, les unes chimiques, les autres mécaniques, pour lesquelles la nitroglycérine et la poudre-coton comprimée produisent chacune des effets si différents, selon qu'on les enflamme à l'aide d'un corps en ignition faible, ou bien d'une flamme, ou d'une fusée ordinaire, ou bien encore à l'aide d'une fusée détonante chargée de fulminate de mercure.

La diversité des effets est moins marquée avec la poudre-coton non comprimée, parce que l'influence du choc initial s'exerce sur une moindre quantité de matière, et surtout parce que la propagation des réactions successives dans la masse y développe des pressions initiales plus faibles et une transformation moins directe de la force vive en chaleur transmise au corps explosif, à cause de l'air interposé.

La poudre-coton comprimée est moins compacte que la nitroglycérine, à cause de sa structure ; c'est pourquoi les pressions dues aux chocs doivent être sensiblement atténuées par l'existence des interstices. Aussi la poudre-coton est-elle plus difficile à faire détoner que la nitroglycérine ; la nitroglycérine détone par la chute d'un poids tombé d'une moindre hauteur, par l'emploi d'une amorce chargée de poudre-coton, d'un mélange de fulminate et de chlorate de potasse, etc., tandis que la poudre-coton ne fait pas explosion sous l'influence de la nitroglycérine, ni sous l'influence d'un mélange de fulminate et de chlorate : elle réclame le choc plus brusque du fulminate de mercure pur. Celui-ci, d'ailleurs, est moins efficace s'il est employé à nu, que s'il est placé dans une enveloppe ; moins efficace dans une mince enveloppe de laiton, que dans une enveloppe épaisse de fer-blanc ; il est moins efficace encore, si l'amorce n'est pas en contact avec le coton-poudre. La nitroglycérine elle-même détone moins bien sous l'influence d'une fusée au fulminate, si elle s'est enflammée avant l'explosion du fulminate, l'inflammation préalable ayant pour effet de produire un certain vide entre deux.

Tous ces phénomènes, signalés pour la plupart par M. Abel, s'expliquent par la valeur plus ou moins considérable des pressions initiales et par leur développement plus ou moins subit, c'est-à-dire par les conditions qui règlent la force vive transformée en chaleur dans un temps donné, au sein des premières couches de la matière explosive atteintes par le choc.

La quantité de force vive ainsi transformée dépend donc à la fois de la brusquerie du choc et de la grandeur du travail qu'il peut développer : ce sont là deux données qui varient d'une substance explosive à l'autre. Par exemple, les amorces les plus convenables ne sont pas toujours celles dont l'explosion est la plus instantanée. M. Abel a reconnu que le chlorure d'azote n'est pas très-efficace pour enflammer la poudre-coton ; l'iodure d'azote, si sensible au moindre frottement, demeure tout à fait impuissant à l'égard de la poudre-coton. Or le chlorure d'azote est précisément l'un des corps explosifs décrits dans ce Mémoire qui développent le moins de chaleur, et par conséquent de travail, sous un poids déterminé ; on conçoit donc qu'il faille en employer davantage à titre d'amorce. Quant à l'iodure d'azote, son explosion doit dégager bien moins de chaleur encore et de travail, sous le même poids, que le chlorure d'azote. Son impuissance est donc facile à comprendre.

Comparons enfin la nitroglycérine avec la poudre, au point de vue du meilleur emploi d'un poids donné d'azotate de potasse. D'après les équivalents, 403 parties de nitre produisent, soit 404 parties de poudre ordinaire, soit 227 parties de nitroglycérine, c'est-à-dire un poids moitié moindre. Mais, en revanche, cette dernière peut développer, dans les circonstances les plus favorables une pression huit à dix fois aussi grande que le même volume de poudre.

Il résulte de ces nombres qu'un poids donné d'azotate de potasse, s'il pouvait être changé atomiquement et sans perte en nitroglycérine, développerait dans un trou de mine une pression triple de celle que fournirait la poudre ordinaire fabriquée avec le même poids d'azotate.

Sans nous étendre davantage sur ces théories, il semble utile de dire quelques mots de la dynamite.

3° *Dynamite*.

La dynamite est un mélange de nitroglycérine avec certaines matières solides, et spécialement avec certaines variétés de silice ou d'alumine. M. Nobel l'a proposée pour obvier aux terribles effets qui résultent de la propagation des chocs dans la nitroglycérine liquide, tout en profitant de la vivacité d'action de cette puissante substance. La dynamite, en effet, est bien moins sensible aux chocs que la nitroglycérine ; elle peut être transportée et maniée presque sans danger. Elle ne détone que par l'emploi d'amorces spéciales et non par une simple inflammation ; mais, en revanche, elle peut être employée sous l'eau, comme la nitroglycérine, à cause de la faible solubilité de celle-ci dans l'eau ; à la rigueur, on peut se passer de bourrage.

La dynamite est employée depuis plusieurs années dans les mines pour disloquer et abattre les roches très-dures ou fissurées, ainsi que pour suivre les travaux dans les terrains aquifères.

Durant le siége de Paris, on a fabriqué des quantités considérables de dynamite, d'après l'avis du Comité scientifique de défense et sous la direction du Comité d'armement. Elle a reçu diverses applications, parmi lesquelles je signalerai surtout les travaux exécutés pour dégager la flottille de canonnières, prise dans les glaces de la Seine, vers Charenton. Les moyens ordinaires avaient été reconnus d'un emploi trop long et trop coûteux pour déblayer la Seine, encombrée dans une longueur de plus d'un kilomètre par des glaçons empilés et soudés depuis la surface jusqu'au fond de la rivière, sur une hauteur de 3 à 4 mètres. Mais le résultat fut atteint en quelques jours, et avec une dépense minime, par l'emploi de la dynamite, posée simplement à la surface des glaces. Son explosion disloquait la masse et disjoignait les piles de glaçons sur de grandes étendues ; il était facile de les déblayer ensuite, en les faisant écrouler dans le courant, au moyen de la proue d'un petit bateau à vapeur. C'est une des applications les plus élégantes que j'aie vues des propriétés de la dynamite.

Les théories thermiques sont favorables à l'emploi de la dynamite.

La dynamite est, en effet, moins brisante que la nitroglycérine, parce que la chaleur dégagée se partage entre les produits de l'explosion et la substance inerte. Par suite, la température s'élève moins, ce qui diminue d'autant les pressions initiales. Par exemple, la silice et l'alumine anhydres ont à peu près la même chaleur spécifique (0,19) que les produits gazeux de l'explosion de la nitroglycérine à volume constant. A poids égaux et dans une capacité complétement remplie, elles abaisseront à moitié la température et, par suite, la pression initiale.

Pour un même poids de nitroglycérine, les propriétés brisantes seront donc atténuées proportionnellement au poids de la matière inerte mélangée ; tandis que le travail maximum conservera la même valeur, étant toujours proportionnel au poids de la nitroglycérine.

Les mêmes circonstances rendront plus difficile la propagation de l'inflammation simple d'une petite portion de la masse dans les parties voisines, attendu que celles-ci détonent seulement lorsqu'elles sont portées d'une manière brusque à une température approchant de 190 degrés : aussi la détonation produite par une amorce exige-t-elle une commotion initiale plus forte pour avoir lieu.

Si la déflagration est produite par le choc d'un corps dur ou d'une fusée fulminante, les particules solides interposées dans le liquide répartissent la force vive du choc entre la matière inerte et la matière explosive, et cela dans une proportion qui dépend de la structure de la matière inerte. Celle-ci change ainsi la loi de l'explosion et introduit dans les phénomènes une extrême variété.

Au lieu de diminuer l'intensité des effets de la nitroglycérine, on peut réussir à les accroître par certaines additions. En effet, l'explosion laisse un équivalent d'oxygène disponible, ainsi qu'il a été dit. On peut employer cet oxygène à brûler une petite quantité de matière combustible additionnelle, par exemple 4 centièmes de soufre, 2 centièmes d'alcool, ou bien encore 1 centième de carbure d'hydrogène ; on augmente ainsi de près de 1 dixième la chaleur produite à poids égal, sans changer sensiblement le volume des gaz. Au delà de ces proportions, les matières combustibles additionnelles changent la nature des réactions chimiques.

4° *Poudre-coton ou pyroxyle.*

En discutant les résultats assez divergents des auteurs, je suis arrivé à représenter sa déflagration par l'équation suivante, que je donne sous toutes réserves : -

$$2\,C^{24}\,H^{10}\,O^{10}\,(Az\,O^6\,H)^5 = 7\,C^2O^4 + 12\,C^2\,O^2 + 2\,C^2H^4$$
$$+\,H + 3\,C^2\,H\,Az + 9\,H^2O^2 + 5\,Az\,O^2 + 2\,Az.$$

1 kilogramme de poudre-coton produirait ainsi, sous la pression normale et à une température capable de vaporiser l'eau, 801 litres $(1 + \alpha t)$.

La chaleur dégagée serait, pour 1 kilogramme, 631 000 calories environ, un peu plus que pour la poudre ordinaire, mais beaucoup moins que pour la nitroglycérine.

Le nombre caractéristique des pressions est 505 000.

Pour obtenir le maximum d'effet de la poudre-coton, la théorie, d'accord avec les expériences les plus récentes, indique qu'il faut comprimer cette poudre et la réduire au plus petit volume possible ; en effet, on accroît ainsi les pressions initiales.

La poudre-coton se distingue par la grandeur des pressions initiales, plutôt que par le travail maximum. Ainsi, d'après la théorie, la pression initiale serait plus que triple de celle de la poudre ordinaire, ce qui est, en effet, le rapport empirique donné par Piobert (1) ; mais le travail maximum est à peine plus grand.

Au contraire, la nitroglycérine à poids égaux réalise un travail double et une pression initiale supérieure de moitié à ceux de la poudre-coton. Il n'est donc pas surprenant que l'industrie ait trouvé la nitroglycérine préférable, d'autant plus que celle-ci n'exige aucune compression préalable. Par contre, il est plus facile de répartir la poudre-coton d'une manière uniforme dans un espace considérable, ce qui peut offrir certains avantages dans les applications.

Au lieu d'employer la poudre-coton pure, on peut en compléter la combustion par une addition convenable d'un corps oxydant. La combustion complète opérée par l'oxygène pur (23 équivalents) dégage 1 196 000 calories ; mais l'oxygène gazeux ne peut être employé à la fabrication d'une poudre.

La combustion complète, par l'azotate de potasse, exige le mélange de 54 parties de pyroxyle et de 46 parties d'azotate, mélange qui répond à l'équation suivante :

$$C^{24} H^{10} O^{30} (AzO^6H)^5 + 4\tfrac{2}{5} AzO^6K$$
$$= 4\tfrac{3}{5} CO^2K + 19\tfrac{2}{5} CO^2 + 15\, HO + 9\tfrac{3}{5} Az.$$

1 kilogramme du mélange produira, sous la pression normale et à t degrés, 484 litres $(1 + \alpha t)$ de gaz permanents au-dessus de 100 degrés ; il en produirait 534 litres $(1 + \alpha t)$, dans l'hypothèse de la vaporisation totale.

(1) Ouvrage déjà cité.

La chaleur dégagée est de 190 440, qu'il faut retrancher de 1 196 000, ce qui donne en définitive 1 005 560 calories pour la transformation de 1 014 grammes du mélange, c'est-à-dire 991 500 pour 1 kilogramme.

Le produit caractéristique des pressions est égal à 484 000. La pression initiale sera donc un peu moindre, et le travail maximum un peu plus fort qu'avec le pyroxyle pur. La dissociation interviendra également à un haut degré, à cause de la complexité des produits, pour abaisser la pression initiale et pour modérer la chute des pressions successives.

En somme, la théorie n'indique pas que l'addition de l'azote de potasse au pyroxyle, assez incommode à réaliser en pratique, offre de très-grands avantages, si ce n'est pour économiser le pyroxyle. Les expériences qui ont été faites sur des mélanges analogues formés de cellulose nitrique, imprégnée avec l'azote de potasse, semblent conformes à cette manière de voir.

L'addition du chlorate de potasse à la poudre-coton serait beaucoup plus redoutable, attendu que le mélange donnerait lieu au même volume de gaz, mais à un dégagement de chaleur bien plus considérable, car il est de 1 444 900 calories pour la combustion de 1 019 grammes du mélange, soit 1 422 000 pour 1 kilogramme. Le produit caractéristique des pressions est égal à 688 000, cinq fois aussi grand qu'avec la poudre de guerre.

5° *Acide picrique.*

L'acide picrique, échauffé vers 300 degrés, se décompose avec une brusque explosion, et il en est de même de ses sels ; mais la décomposition n'a lieu qu'à une température plus haute que celle de la poudre ou de la nitroglycérine. Elle se produit au contraire à une température plus basse et en fournissant des produits plus simples, lorsqu'on ajoute des corps oxydants, tels que l'azotate ou le chlorate de potasse. On obtient ainsi des poudres brisantes. Dans la fabrication de ces poudres l'acide picrique libre n'a guère été employé, soit parce qu'il est d'une purification plus difficile que le picrate de potasse, soit à cause de la crainte d'une réaction spontanée entre l'acide picrique et l'azote ou le chlorate de potasse, avec formation de picrate de potasse et d'acide azotique ou chlorique, qui pourrait devenir le point de départ d'une oxydation explosive.

En admettant pour la décomposition de l'acide picrique l'équation provisoire

$$C^{12}H^3 (Az O^4)\,^3O^2 = CO^2 + 9\,CO + 3\,HO + 2\,C + 3\,Az,$$

1 kilogramme développerait 696 000 calories.

Il produirait aussi 780 litres $(1 + \alpha t)$ de gaz permanents, sous la pression normale et à une température t, capable de vaporiser l'eau. Le produit caractéristique des pressions sera 543 000, c'est-à-dire qu'il l'emportera même sur la poudre-coton, n'étant surpassé que par la nitroglycérine.

La combustion totale de l'acide picrique par l'oxygène libre dégage en nombre rond 456 000, dégagés par le mélange suivant (492 grammes) :

$$C^{12}H^3 (Az O^4)\,^3O^2 - 2\tfrac{1}{4}Az\,O^6K$$
$$= 2\tfrac{1}{4}CO^3K + 9\tfrac{1}{2}CO^2 + 3\,HO + 5\tfrac{1}{4}Az.$$

1 kilogramme développera 927 000 calories et 408 litres $(1 + \alpha t)$ de gaz permanents à $0^m,760$ et à une température t capable de vaporiser l'eau. La chaleur dégagée est à peu près la même que dans la décomposition de l'acide picrique seul ; mais le volume des gaz est réduit à moitié environ.

L'emploi du chlorate de potasse,

$$C^{12} H^3 (Az O^4)^3O^2 + 2\tfrac{1}{5}ClO^6K$$
$$= 2\tfrac{1}{4}K\,Cl + 12\,CO^2 + 3\,HO + 3\,Az.$$

fournit le même volume de gaz et une chaleur plus grande, 1 428 000 calories pour 1 kilogramme, valeur qui n'est atteinte par aucune autre des matières explosives examinées dans la présente étude. Le produit caractéristique des pressions, 583 000, surpasse presque tous les autres, à l'exception des produits analogues relatifs à la poudre-coton ou à la nitroglycérine pure (944 000).

La combustion par les oxydes de plomb, de cuivre, d'argent,

$$C^{12}H^3 (Az O^4 {}^3O^2 + 13\,MO$$
$$= 12\,CO^2 + 3\,HO + 3\,Az + 13\,M,$$

fournit à équivalents égaux le même volume de gaz, 201 litres $(1 + \alpha t)$, et les quantités de chaleur suivantes :

```
Oxyde de plomb........    213 000 pour 1 678gr·
Oxyde de cuivre.......    304 000    »      744
Oxyde d'argent........    457 500    »    1 739
```

L'oxyde de mercure mérite une mention spéciale, parce que le mercure prend l'état gazeux durant l'explosion, ce qui accroît singulièrement les pressions. Il développe ainsi 346 litres $(1 + \alpha t)$ et 310 000 calories, pour 1 633 grammes (le mercure supposé gazeux).

Il résulte de ces nombres que 1 kilogramme de poudre formée d'acide picrique et de :

```
Oxyde de plomb, développe... 120ᴵ $(1 + \alpha t)$ et 127 000cal
    Le produit caractéristique des pressions=... 152 000
    (sept fois moindre que pour la poudre de guerre):
Oxyde de cuivre............. 270 $(1 + \alpha t)$ et 409 000
                Produit..................... 109 400
    (un peu moindre que pour la poudre de guerre);
Oxyde d'argent............. 116 $(1 + \alpha t)$ et 263 000
                Produit..................... 29 100
    (un cinquième de celui de la poudre de guerre);
```

$$\text{Oxyde de mercure} \dots \dots \dots \quad 212\,(1 + \alpha t)\ \text{et}\ 190\,000$$
$$\text{Produit} \dots \dots \dots \dots \dots \dots \dots \quad 40\,000$$

(un peu moins du tiers de la poudre de guerre).

On voit que l'oxyde de cuivre est le plus efficace, à cause de la petitesse de son équivalent.

Les picrates formés à l'avance donneront un effet utile moindre que les simples mélanges d'acide picrique et d'oxyde métallique, parce que leur formation entraîne, au moment de l'union de l'acide avec l'oxyde, un dégagement de chaleur, c'est-à-dire une perte d'énergie.

6° *Picrate de potasse.*

Le picrate de potasse pur détone violemment sous l'influence d'une chaleur élevée ; mais il est loin de renfermer assez d'oxygène pour donner lieu à une combustion complète. De là la nécessité de le mélanger avec de l'azotate ou du chlorate de potasse. On connaît la terrible puissance des poudres Bobœuf, Designolles, Fontaine, etc. Examinons la théorie de ces diverses matières explosives.

Soit d'abord le picrate de potasse seul et admettons la réaction suivante :

$$C^{12}\,H^2K\,(Az\,O^4)^3\,O^2 = CO^3K + 9\,CO + 2\,C + 2\,HO + 3\,Az.$$

1 kilogramme de picrate de potasse fournira, à la température t (l'eau étant gazeuse) et sous la pression $0^m,760$, 585 litres $(1 + \alpha t)$ de gaz permanents. Il en fournira 627 litres $(1 + \alpha t)$, dans l'hypothèse de la vaporisation du carbonate de potasse.

La chaleur dégagée peut être évaluée à 589 000 calories. Le produit caractéristique des pressions est égal à 344 000.

Ce sont des chiffres voisins de ceux qui répondent à la poudre-coton, quoique plus faibles. Le volume des gaz et par suite la pression l'emportent de beaucoup sur les nombres qui caractérisent la poudre ordinaire. La violence de la déflagration du picrate de potasse pur n'a donc rien de surprenant.

La combustion totale du picrate de potasse par l'oxygène libre développe 561 500 calories et elle exige 13 équivalents d'oxygène.

Soit le picrate de potasse mélangé d'azotate de potasse, à poids égaux :

$$C^{12} H^2 K (Az\, O^4)^3 O^2 + 2\tfrac{1}{5} Az\, O^6 K$$
$$= 3\tfrac{3}{5} COK + 8\tfrac{3}{4} CO + 2\, HO + 5\tfrac{1}{5} Az.$$

1 kilogramme de cette poudre développera à t degrés, sous la pression $0^m,760$, 337 litres $(1 + \alpha t)$ de gaz permanents au-dessous de 100 degrés, ou bien 413 litres $(1 + \alpha t)$, dans l'hypothèse de la vaporisation totale.

La chaleur dégagée est 856 000 par 1 kilogramme. Ce résultat l'emporte de moitié sur le picrate seul ; mais les nombres fournis par la poudre formée de picrate et d'azotate de potasse ne diffèrent pas beaucoup de ceux de la poudre formée de chlorate de potasse, de soufre et de charbon. L'addition de l'azotate au picrate de potasse paraît en outre le rendre plus facilement inflammable, en abaissant la température de la réaction commençante. Cette addition diminue aussi des $\frac{2}{5}$ le volume des gaz et par suite la pression. En raison de cette compensation, l'addition du nitre au picrate offre peu d'avantages, si ce n'est au point de vue de l'économie du picrate de potasse.

Soit enfin le picrate mélangé de chlorate, à poids égaux :

$$C^{12} H^2 K (Az\, O^4)^3 O^2 + 2\tfrac{1}{8} Cl\, O^6 K$$
$$= CO^3 K + 11\, CO^2 + 2\tfrac{1}{8} K\, Cl + 2\, HO + 2\, Az.$$

Le volume des gaz permanents est exactement le même qu'avec l'azotate de potasse, à poids égal ; il est aussi presque identique dans l'hypothèse de la vaporisation saline. Mais la chaleur dégagée est plus grande, soit 1 426 000 calories par kilogramme. Aussi l'addition du chlorate de potasse accroît-elle notablement l'efficacité du picrate, principalement au point de vue des effets mécaniques. Les avantages que la pratique a assignés à la nouvelle poudre, formée de picrate et de chlorate de potasse, sont donc conformes à la théorie.

En résumé, la force et les propriétés mécaniques des diverses substances explosives n'avaient été comparées entre elles jusqu'à présent que par voie empirique. J'ai essayé d'établir cette comparaison sur des notions théoriques, et l'on a pu voir que les déductions ainsi obtenues s'accordent en général avec l'expérience ; il est donc permis de les prendre comme guides, soit pour obtenir le maximum d'effet des matières déjà connues, soit pour les associer avec d'autres substances, soit enfin pour découvrir des composés explosifs nouveaux, qui possèdent des propriétés déterminées à l'avance.

EXPLOSEUR
MAGNÉTO-ÉLECTRIQUE

De M. BRÉGUET.

Cet instrument est représenté par la figure 1 ; l'armature A A est toujours au contact des pôles de l'aimant N O S ; elle est portée par une pièce de laiton B *a* M qui pivote autour de l'axe horizontal *a* ; cette pièce présente une sorte de manche B *a* et un bouton ou tampon B sur lequel on frappe du poing pour produire l'arrachement de l'armature. Ainsi que nous l'avons dit, au moment de l'arrachement, un premier courant d'induction se produit, courant instantané comme le mouvement qui en est la cause, dans le fil enroulé sur les extrémités de l'aimant.

Aussi longtemps qu'on maintient l'armature éloignée de l'aimant, l'appareil est inerte ; mais dès qu'on cesse d'appuyer sur le bouton B, l'armature, poussée par un ressort qui agit sur le levier *a* B, attirée d'ailleurs par l'aimant, retourne vivement au contact des pôles N S ; un second courant se produit, de sens contraire au premier, mais d'égale intensité, comme on le constate facilement avec un galvanomètre.

Il importe de noter que l'intensité des courants

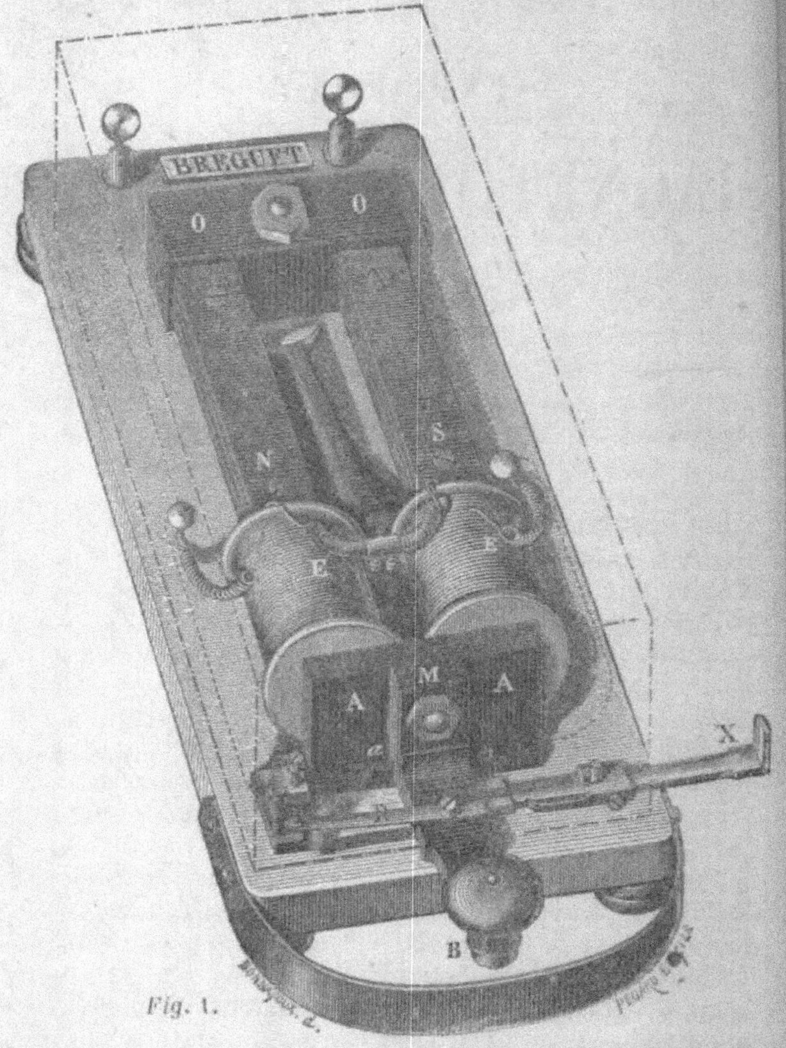

Fig. 1.

produits est plus grande quand la course de l'armature est plus étendue (du moins jusqu'à une

certaine limite) ; c'est ce que le galvanomètre indique encore.

On peut cependant à volonté faire paraître plus intense l'un ou l'autre des deux courants, en faisant mouvoir l'armature plus rapidement dans un sens ou dans l'autre ; par conséquent, on doit donner le mouvement le plus rapide possible à cette pièce pour obtenir de l'appareil tout ce qu'il peut donner.

Pour montrer la liaison de cette expérience avec la première de Faraday, il nous reste à expliquer la production des courants dans l'exploseur.

Quand l'armature est au contact des surfaces polaires de l'aimant, les pôles de l'aimant sont assez éloignés de l'armature ; quand l'armature est écartée, les pôles se rapprochent des extrémités de l'aimant ; c'est ce qu'on peut constater en présentant sur le côté de l'aimant une aiguille aimantée dont la direction change quand on déplace l'armature et dont la pointe indique, au moins d'une façon approchée, la position du pôle dans l'intérieur de l'aimant. Tout se passe donc comme si l'aimant était transporté parallèlement à lui-même dans l'intérieur des bobines, ce qui est précisément l'expérience originaire de Faraday.

Suivant que le mouvement complet de l'armature sera plus ou moins rapide, les effets obtenus devront être très-différents, et l'expérience (facile à faire et à varier) montre qu'ils le sont en effet.

Si, par exemple, on donne à l'armature un mouvement très-lent, l'action sur un galvanomètre pourra être encore sensible, tandis que l'action sur les nerfs aura cessé d'être appréciable.

Si ensuite on rend le mouvement et l'armature de plus en plus rapides dans une série d'essais distincts, on verra l'action sur le galvanomètre devenir plus énergique en perdant de la durée et on verra aussi l'action sur les nerfs augmenter. On pourra remplacer le galvanomètre par un électro-aimant et faire des observations semblables ; l'action sera plus énergique quand elle sera moins prolongée.

Avec un galvanomètre sensible on verra que l'appareil donne encore un courant quand l'armature, déjà éloignée de l'aimant, s'en éloigne encore davantage. On voit donc que le courant magnéto-électrique n'est pas absolument instantané et qu'il dure autant que le mouvement de l'armature, c'est-à-dire pendant un temps très-appréciable, lors même qu'on fait tous les efforts pour en réduire la durée.

On peut reprendre à ce point de vue toutes les expériences dont nous avons parlé et dans lesquelles se produisent des courants d'induction ; on peut faire, par exemple, l'expérience fondamentale de Faraday, rapportée ci-dessus, et montrer des courants d'induction qui ne sont plus instantanés même en apparence, mais dont la durée est prolongée pendant plusieurs secondes.

Application statique à l'explosion des mines.

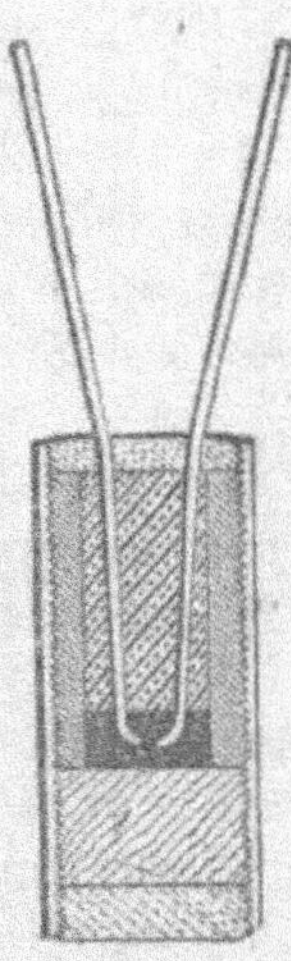

Le courant d'induction développé par cet instrument suffit à mettre le feu à des amorces du système combiné par le colonel Ebner (*fig.* 2), du génie autrichien. Ces amorces présentent deux fils de cuivre auxquels aboutissent les conducteurs venant de l'exploseur ; ces deux fils sont isolés l'un de l'autre et maintenus par une masse de soufre et de verre fondus ensemble ; entre leurs extrémités intérieures on place une poudre fulminante composée de chlorate de potasse, de sulfure d'antimoine et de charbon ; l'amorce est fermée par un simple bouchon de liége.

Fig. 2.

La poudre fulminante est quelque peu conductrice, et on admet que l'inflammation a lieu par suite de l'échauffement de la matière à raison de la résistance considérable qu'elle oppose au passage du courant.

L'exploseur de petite dimension, aimant de 15 centimètres de long, ne peut enflammer qu'une seule amorce ; mais on verra que l'appareil, pourvu d'une addition fort simple, devient capable d'enflammer jusqu'à 4 ou 5 amorces disposées en chapelet.

Application à la télégraphie ordinaire et militaire.
(Système Morse.)

Le récepteur Morse doit être à la vérité d'une construction particulière ; on peut employer le suivant :

Le courant produit par le manipulateur au moment de l'arrachement détermine un premier mouvement de l'armature qui quitte sa position de repos et amène la molette encreur au contact du papier mobile.

Aussi longtemps que l'armature reste éloignée de l'aimant, la molette continue à appuyer sur le papier et à faire un trait ; quand on ramène l'armature du manipulateur au contact de l'aimant, le second courant produit détermine un second mouvement de l'armature du récepteur et écarte la molette du papier.

De cette façon on a produit sur le papier un trait d'une longueur correspondante à la durée de l'écartement de l'armature du manipulateur, et pour faire un point il n'y a qu'à réduire beaucoup cette durée.

On voit donc que la manipulation est, avec cet appareil, précisément la même qu'avec les appareils Morse ordinaires, fonctionnant avec des piles.

Cette application n'est pas sans intérêt surtout pour la télégraphie militaire, car à la guerre il est fort important de réduire le poids des instruments et d'éviter l'emploi de tout objet fragile. Or la pile la plus réduite aura toujours un poids considérable par rapport à celui de l'appareil qu'elle doit faire fonctionner, et, de plus, si l'un des vases qui la composent vient à casser, la fonction du télégraphe tout entière est compromise. Les piles nécessitent d'ailleurs un entretien dont on est tout à fait dispensé par l'emploi des appareils magnéto-électriques.

Emploi de l'extra-courant.

On appelle *extra-courant* le courant produit dans un circuit, au moment de sa rupture, par l'induction du courant qui le traversait.

Ce courant est de même sens que le courant inducteur, on le démontre d'une façon fort élégante (1) pour les courants de pile ; nous en donnerons une démonstration fort simple pour le cas spécial qui nous intéresse.

Les courants de pile ne sont pas les seuls qui, au moment de leur rupture, donnent lieu à un autre courant ; les courants d'induction en produisent également. Mais en général l'extra-courant est confondu avec le courant d'induction, à cause de leur instantanéité ; nous verrons cependant tout à l'heure qu'on peut les distinguer.

Tension relative considérable de l'extra-courant.

Ce qui distingue l'extra-courant, ce qui l'a fait apercevoir longtemps avant qu'on lui donnât un nom, c'est qu'il donne des étincelles d'une certaine longueur, tandis que le courant de pile n'en donne pas.

Cela revient à dire que sa tension est beaucoup plus grande que celle du courant qui lui a donné naissance.

On est donc conduit, dans les applications qui demandent de la tension plutôt que de la quantité, à employer l'extra-courant plutôt que le courant lui-même.

La figure 1 montre un ressort R porté par le manche de l'armature et appuyant sur l'extrémité de la vis *v*,

____

(1) Voir Gavarret, *Traité d'électricité*, t. II, p. 186.

portée par un pont. Pendant une partie du mouvement de l'armature, le ressort continue d'appuyer sur ladite vis, et ce n'est que vers la fin de son mouvement que la séparation a lieu. Or, les deux extrémités du fil des bobines aboutissent l'une au ressort R, l'autre à la vis v ; par conséquent, aussi longtemps que le contact de ces deux pièces dure, le circuit est fermé sur lui-même et aucune manifestation du courant ne peut avoir lieu. Quand ce contact du court circuit est rompu, le courant est envoyé sur la ligne, et non pas seulement le courant qui se produit pendant le mouvement qui s'accomplit encore, mais l'extra-courant du courant d'induction qui s'est produit pendant la première partie du mouvement.

Il suffit de placer les doigts sur les bornes terminales de l'instrument pour faire la comparaison du courant et de l'extra-courant ; si on place un papier entre le ressort R et la vis v, on supprime l'extra-courant et on rend l'action de l'instrument à peine appréciable aux doigts mouillés ; tandis que l'extra-courant donne une secousse assez vive même si les doigts sont secs. Par contre, la déviation obtenue au galvanomètre est moindre avec l'extra-courant qu'avec le courant, parce que l'action a trop peu de durée et que l'inertie de l'aiguille n'a pas le temps d'être vaincue. Mais la déviation étant toujours de même sens, on voit que le sens de l'extra-courant est le même que celui du courant magnéto-électrique.

Tandis que l'appareil simple ne peut enflammer qu'une amorce d'Ebner, on réussit à en enflammer quatre ou cinq placées en chapelet dans le circuit quand on emploie l'extra-courant.

Quand on fait travailler l'appareil à vide, c'est-à-dire sans que le circuit extérieur soit fermé, on voit une étincelle assez brillante sauter entre le ressort R et la vis v ; quand, au contraire, le circuit extérieur est fermé, soit par le galvanomètre, soit même par des amorces (dont la résistance est énorme), l'étincelle disparaît à la vis v, et le courant passe par la voie qui lui est ouverte.

Si, au lieu de fermer le circuit, on le remplace par un petit appareil à vis micrométrique, destiné à mesurer les étincelles, on voit deux étincelles simultanément, l'une à la vis v et l'autre à l'appareil mesureur. Il est facile de comprendre que le partage du courant ne se fait pas également entre ces deux voies et que la plus grande partie passe à la vis v ; en effet, si petite que soit la distance D des pointes du mesure-étincelle, elle est notable et le courant n'y peut passer que quand la distance du ressort R à la vis v est devenue plus grande que D ; pendant le temps qui s'écoule entre la rupture du contact en R—v, jusqu'au moment où le partage commence à se faire, il est clair que la plus grande partie a passé entre R et v ; et on comprend même que c'est au début de cette période que la décharge a été le plus considérable, puisque la distance à parcourir pour l'étincelle était moindre et qu'en même temps la tension électrique était plus grande.

On voit donc que l'étincelle mesurée avec le *mesure-étincelle* ne montre pas l'effet total de l'appareil ; il est cependant intéressant de la mesurer, car on arrive par ce moyen à comparer les appareils entre eux d'une manière plus satisfaisante que par l'emploi du galvanomètre.

Dernière forme et avantages de l'exploseur.

On a trouvé avantage à placer les bobines de l'exploseur non pas sur les branches de l'aimant, mais sur des cylindres de fer doux vissées dans l'aimant. Cette disposition a permis de supprimer la partie centrale des bobines ; les joues (en bois) sont vissées sur le fer doux et par suite le fil est enroulé sur le fer sans interposition d'une pièce qui augmente la distance entre le fer inducteur et les spires induites. L'addition du verrou X qui

peut se glisser sous le manche de l'armature, a été de-
mandée par les officiers du génie militaire anglais ; elle
a pour objet d'éviter les accidents qui pourraient résulter d'un coup donné par inadvertance à l'appareil quand
il est lié à des amorces placées dans une masse de poudre
ou dans des canons. Tant que le verrou est poussé, rien
n'est à craindre ; l'appareil ne peut agir que quand on
a tiré le verrou.

L'exploseur est très-portatif ; le modèle courant, qui
fait partir cinq amorces bien choisies, ne pèse que
7 kilog. 1/2. Il présente une poignée en cuivre qui en
rend le transport commode. C'est l'appareil magnéto-
électrique le plus simple qu'on puisse imaginer ; car il
faut dans tout appareil de ce genre un aimant, un fer
doux et du fil enroulé, et il faut que l'un de ces trois
organes soit mobile. Dans l'exploseur la pièce mobile
est la plus petite des trois ; il paraît peu susceptible de
dérangement, à raison de sa simplicité. L'addition pour
avoir l'extra-courant est, à la vérité, une légère compli-
cation, mais les organes qu'elle comporte sont très-
solidement fixés et ne paraissent pas devoir se déplacer.
L'appareil, d'ailleurs, peut et doit être toujours fermé ;
il n'y a aucune raison pour enlever la boîte qui le recou-
vre. Cet instrument est enfin beaucoup meilleur marché
que tous ceux qui ont été construits pour le même objet.
Comme tous les appareils magnéto-électriques, il est
toujours prêt à fonctionner et ne demande aucun entretien ; de plus, l'armature est en contact permanent avec
l'aimant, et par suite l'idée d'un affaiblissement avec le
temps est écartée. Ce sont là des avantages qui le feront
préférer dans bien des cas à la bobine d'induction, quoiqu'elle donne des effets beaucoup plus considérables
(à prix égal) ; l'embarras que donne l'emploi des piles
de Bunsen ou de Grove est fort sérieux en dehors des
cabinets de physique, et inadmissible pour les applications du génie militaire, où il faut nécessairement des

appareils portatifs, toujours prêts à agir instantanément.

L'exploseur a une résistance de 200 kilomètres environ, soit de 2 000 ohms ou de 2 000 unités Siemens ; on
peut donc penser que ses effets seront peu affaiblis par
l'addition d'un circuit assez long. Les amorces ont au
minimum 8 000 kilomètres de résistance (80 000 ohms) ;
si donc on en fait partir cinq à la fois, on voit que chacune d'elles peut faire explosion dans un circuit de
32 000 kilomètres de fil de fer 4 millimètres. En 1868,
on a fait sauter des amorces de Paris à Rouen (ligne
télégraphique de 120 kilomètres environ de fil de 4 millimètres ou n° 8 anglais, avec retour par la terre). Au
commencement de l'année 1869, M. R. Francisque
Michel en a fait sauter de Paris à Bordeaux (585 kilomètres).

M. Abel, professeur à l'école du génie de Woolwich,
a imaginé une disposition très-avantageuse pour les
amorces, *fig.* 5, *p.* 108, et celles qui se fabriquent sous
son inspiration sont d'une très-grande sensibilité. La
poudre dont il fait usage est un mélange de chlorate de
potasse, de sous-phosphure et de sous-sulfure de cuivre, délayés dans de l'eau gommée.

La forme la plus simple et la plus perfectionnée de
ces amorces est la suivante : deux fils de cuivre d'un
demi-millimètre de diamètre sont placés à un millimètre
de distance environ l'un de l'autre dans un fil de gutta-
percha de 4 millimètres de diamètre ; ils se trouvent
donc parfaitement isolés l'un de l'autre et maintenus à
une distance convenable. A l'une des extrémités, les
deux fils de cuivre sont dégagés sur un demi-millimètre
de longueur environ, et entre ces deux pointes on place
la poudre fulminante dont nous avons parlé plus haut,
qu'on maintient dans une petite capsule cylindrique
d'étain.

A l'extrémité opposée, les fils sont dégagés également

de la gutta-percha et peuvent être attachés aux conducteurs aboutissant à l'exploseur.

Ces amorces rudimentaires servent aux expériences
de cabinet : pour l'inflammation des mines on les met
dans un petit moule de bois qui contient de la poudre
ordinaire et qui est fermé avec un bouchon ; pour mettre
le feu aux canons enfin on ajoute encore un petit tuyau
de plume qui entre dans la lumière et qui contient du
pulvérin.

Les amorces d'Abel sont les plus sensibles de toutes
celles qu'on a essayées jusqu'à ce jour : elles sont moins
résistantes que celles que nous avons faites sur le type
du colonel Ebner.

Application à l'explosion des Torpilles.

On donne ce nom à des engins sous-marins qui ne
sont que de simples récipients qu'on charge de poudre
et qui doivent, par leur explosion, détruire les navires
qui passent ou au contact ou dans leur voisinage.

Ces engins ont reçu le nom de *torpilles*, parce qu'on
détermine généralement leur explosion par l'emploi de
l'électricité ; il y a cependant des appareils de ce genre
qui agissent sans l'intervention d'appareils électriques.

Les torpilles se classent en *automatiques* ou *de choc*
et en *dormantes* ou *de fond*. Les premières sautent au
moment où un navire les choque ; elles peuvent être
électriques ou chimiques. Les autres sont dites *dormantes*, parce qu'elles sont immobiles sur le fond ou à un
niveau invariable.

Les torpilles *dormantes* ne font explosion qu'au com-
mandement des officiers chargés de ce service : elles
sont nécessairement électriques, car il faut toujours les
enflammer à grande distance. En général, pour avoir
la certitude que le moment opportun est arrivé pour
faire feu, il faut avoir deux observatoires communiquant

par un système télégraphique et dont les lignes de visée, déterminées à l'avance, se croisent sur les points défendus.

Un grand nombre de combinaisons mécaniques ont été essayées par les Américains pendant la dernière guerre pour produire l'explosion des torpilles par leur collision avec un navire, et quelques-unes d'entre elles se sont trouvées très-efficaces. Mais si, au point de vue de la simplicité et de l'économie, l'emploi des torpilles mécaniques présente des avantages évidents sur tout agencement dans la combinaison duquel entre l'électricité, elles présentent de très-grands dangers pour ceux qui en font l'application, et elles peuvent, dans bien des circonstances, devenir aussi meurtrières pour les navires nationaux que pour ceux de l'ennemi.

On a fait dans ces derniers temps quelques perfectionnements dans les combinaisons mécaniques et chimiques appliquées aux torpilles automatiques ; le placement pourrait être fait sans aucun danger, et les torpilles ne seraient rendues actives qu'au moment voulu par une opération simple. Mais l'exclusion complète des navires amis et les difficultés qui accompagneront toujours l'enlèvement des torpilles devenues inutiles, constituent encore deux objections formidables contre l'emploi des torpilles mécaniques, excepté pour la défense de passages qui ne servent pas habituellement à la navigation, mais qui peuvent être choisis en temps de guerre par des navires d'un faible tirant d'eau.

Pour faire sauter les torpilles, on a donc eu recours à l'électricité.

La méthode adoptée dès lors a été suivie jusqu'à ces derniers temps par le génie militaire anglais, et est même employée encore quelquefois, quoiqu'elle ait été généralement abandonnée pour d'autres procédés qui présentent d'importants avantages. Elle consiste à placer dans une amorce chargée de poudre une petite spire de fil très-fin et de métal peu conducteur (platine ou fer), aux deux extrémités de laquelle aboutissent des fils conducteurs qui viennent de la pile. Dans ces conditions, le fil de l'amorce s'échauffe et peut être porté au rouge ou même fondu ; d'où résulte la possibilité d'enflammer la charge de poudre au moment voulu en fermant le circuit. Un certain nombre de ces amorces peuvent être enflammées simultanément dans un même circuit.

L'emploi de ces dispositions, c'est-à-dire d'un courant voltaïque de faible tension, réalisait un progrès énorme sur les anciens procédés d'inflammation des mines, au moyen de traînées de poudre ou de fusées à combustion lente. Mais leur application à l'art militaire présente quelque difficulté et quelque incertitude résultant des causes suivantes : les piles sont irrégulières dans leur action, ou en d'autres termes elles ne sont pas constantes ; leur transport et leur entretien donnent des embarras ; le succès de l'opération dépend du soin et de l'habileté des agents au montage ; et enfin il faut augmenter considérablement leur énergie quand un certain nombre de charges doivent être enflammées simultanément et quand cette inflammation doit se faire à grande distance. L'exploseur a sur les piles électriques des avantages considérables.

Application à l'explosion de la Dynamite.

Dans la nuit de Noël de l'année 1870, les glaces couvraient la Seine depuis Corbeil jusque près Paris. Une crue subite brisa ces glaces et occasionna ainsi une débâcle assez considérable. Un pont prussien, situé près de Villeneuve-Saint-Georges, et un pont du génie français, construit entre Port-à-l'Anglais et Choisy le-Roi, vinrent avec les glaçons buter contre le pont de Charenton, où ils s'arrêtèrent et obstruèrent complétement le fleuve jusqu'au pont

Ces glaçons s'étaient serrés les uns contre les autres, se couvrant, se plaçant verticalement, de sorte que la plupart portaient à fond.

Une partie de la flottille des canonnières s'était alors trouvée emprisonnée dans l'écluse du Port-à-l'Anglais, et par conséquent était condamnée à une complète inaction.

On entreprit alors de dégager le chenal depuis le pont de Charenton jusqu'à l'écluse, c'est-à-dire sur une longueur de plus de 2 kilomètres.

Les marins à bord de la flottille renoncèrent à cette entreprise qu'ils avaient commencée avec des outils, tels que haches, pioches et leviers.

Ils demandèrent l'aide de l'administration des ponts et chaussées qui déclara que ce travail demandait 200 000 francs de dépenses, et le commença pourtant avec une compagnie de cent cinquante sauveteurs de la Seine. On n'avança ainsi que de 20 m. environ en trois jours, travail insignifiant, puisqu'il aurait fallu près de trois mois pour mener à fin l'entreprise. On songea alors à utiliser la dynamite pour briser la glace par de fortes explosions, et la réduire ainsi en morceaux de faible surface que le courant devait emporter.

Après divers essais, dont les résultats furent très-inégaux, à cause de l'épaisseur très-inégale des glaçons, voici le mode de travail que l'on adopta : une demi-compagnie de sauveteurs commençaient par creuser d'aval en amont, dans la direction du chenal, des tranchées de 30 c. autour d'un bloc carré de 1 m. 50 de côté, cela à l'aide de pioches, haches et leviers ; ce bloc ainsi détaché était entraîné par le courant. On plaçait alors, de chaque côté, une boîte de 4 kilog. de dynamite à environ 5 ou 6 m. du bout du chenal commencé. L'explosion de ces boîtes produisait des puits de 4 mètres de diamètre, et des crevasses dans toutes les directions, s'étendant quelquefois à plus de 15 m. Les glaçons se dégageaient pour la plupart, et s'ils n'étaient pas entraînés par le courant, ce qui avait lieu quand les glaces portaient à fond, on faisait avancer, dans une des crevasses latérales, l'éperon d'un petit bateau à vapeur, dit *Mouche*, qui achevait la crevasse et dégageait par là un ou plusieurs glaçons. De cette manière l'avancement moyen était de 250 m. par jour, du 8 au 15 janvier.

Quelquefois, lorsque la glace portait complétement à fond, l'avancement était très-pénible de 40 m., mais lorsqu'elle était seulement épaisse, ne formant qu'une surface, une des explosions suffisait pour détacher un glaçon de 800 m. carrés de surface, qui s'en allait se briser sur les bords du chenal déjà fait et sur les piles des ponts de Paris. Le magasin de dynamite, les exploseurs, les amorces et les fils se trouvaient dans une cabine du bateau à vapeur, où l'on préparait les boîtes. Dans cette cabine se trouvaient aussi quelques marmites norwégiennes destinées à empêcher la congélation de la dynamite qui a lieu à 6° au-dessous de 0 ; pour cela les boîte étaient placées dans l'eau de ces marmites, et au momen de se servir de la dynamite, on la mettait en poudre à l'aide d'un bâton de bois.

Diverses formes de boîtes furent essayées :

1° Des boîtes cylindriques de 1 m. 50 c. de longueur sur 6 c. de diamètre : elles renfermaient 7 à 8 kilog. de dynamite ;

2° Des boîtes parallélipipédiques de dimensions : 30 c., 15 c. et 5 c., contenant 4 kilog. de dynamite ;

3° Des boîtes parallélipipédiques plates, de dimensions : 30 c., 15 c. et 6 c., contenant 2 kilog. de dynamite ;

4° Des boîtes de plus grandes dimensions que le n° 2, mais semblables, contenant 15 kilog. de dynamite.

Les boîtes qui parurent les plus convenables à ce travail furent celles du *n°* 2 et du *n°* 4.

On creusait dans la glace, en un point choisi selon les

crevasses déjà existantes, un trou de la largeur de la
boîte, et au plus profond ; on y plaçait la boîte en la
calant avec deux glaçons, puis, après s'être écarté à plus
de 30 mètres, on déterminait l'explosion.

Fusées électriques.

Il y a deux sortes de fusées électriques généralement
en usage pour mettre le feu aux mines, torpilles, etc.
D'abord, celles où la puissance calorifique nécessaire
pour enflammer une charge est produite par le passage
d'un courant électrique au travers d'un fil métallique
très-fin, habituellement du fil de platine ; en second lieu,
les fusées où la puissance calorifique est produite par le
passage de l'électricité au travers d'un mélange chimique
rendu conducteur par le mélange qu'on y ajoute d'un sel
de cuivre. La figure 3 représente une forme de fusée
de la première catégorie. Elle se compose de deux fils de
cuivre recouverts de gutta-percha, à peu près du n° 16,
B. W. G., entrelacés ensemble. Deux des bouts, côte à
côte, sont sur une petite distance dépouillés de leur garniture de gutta-percha, et un fil de platine très-fin se
trouve soudé entre eux. Ces bouts, avec le fil de platine
qui les rattache, sont ensuite enfermés dans un petit
morceau de tube en gutta-percha, dont un bout est soudé
lui-même avec la garniture en gutta-percha, qui recou-
vre les fils de cuivre ; l'autre bout est fermé, après le
chargement de la fusée, par un couvercle de gutta-percha,

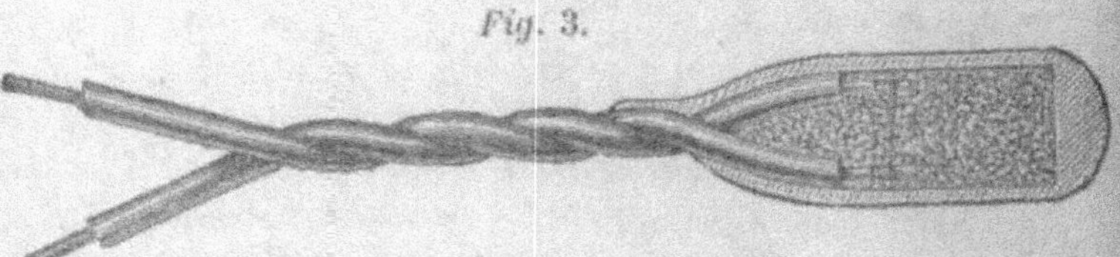

Fig. 3.

de sorte que tout l'ensemble forme une sorte de récipient
imperméable. On remplit ce récipient de poudre à canon

à grains fins, qui s'enflamme quand les fils conducteurs sont traversés par un courant assez fort pour échauffer jusqu'au rouge le fil de platine. Il vaut mieux que le fil de platine lui-même soit enduit de fulminate de mercure, préalablement à l'introduction de la poudre à canon. On a constaté, en effet, que cette substance non-seulement rend l'inflammation de la fusée plus certaine, mais encore a la propriété particulière de rendre l'explosion de la charge de poudre à canon ou de fulmi-coton où elle se trouve introduite, beaucoup plus puissante dans ses effets que quand la poudre fine à canon se trouve seule en contact avec le fil de platine.

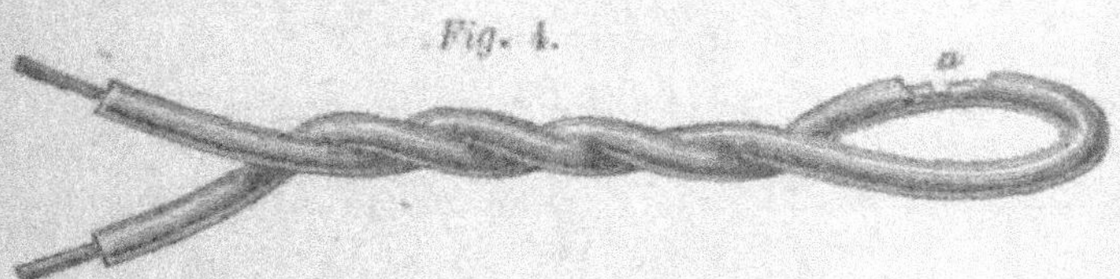

Fig. 4.

La figure 4 représente une fusée du second type, elle est connue sous le nom de fusée de Statham. Elle doit sa propriété à ce fait, que quand un fil de cuivre a été recouvert pendant quelque temps de caoutchouc vulcanisé, la surface du caoutchouc en contact avec le fil reste couverte d'une couche de sulfure de cuivre qui est assez bon conducteur de l'électricité. Voici comment on tire parti de cette propriété. Un morceau de fil ainsi recouvert de caoutchouc vulcanisé est entrelacé de manière à former une petite bride à la courbure (*fig.* 4). On enlève un petit morceau de caoutchouc de manière à mettre à découvert le fil de cuivre, et le fil est interrompu comme on le voit en *a*. Si l'on fait circuler à travers le fil un courant d'électricité d'intensité suffisante, il passe à la solution de continuité au travers du sulfure de cuivre adhérent au caoutchouc, et la résistance qu'il lui faut surmonter pour cela détermine l'inflammation du sulfure;

de sorte que, si l'on a introduit la fusée dans une charge
de fulmi-coton, elle devra s'enflammer aussi. Dans cette
espèce de fusée, il est bon de remplir la petite cavité
laissée par l'enlèvement du caoutchouc, avec du fulminate de mercure, pour la raison que nous avons indiquée plus haut.

Dans la fusée d'Abel, qui repose sur le même principe
que celle de Statham, la matière servant d'amorce est
une composition de sous-phosphure de cuivre, de sous-
sulfure de cuivre et de chlorate de potasse, mélangés très-
intimement dans les proportions de 10 parties de la première substance, 45 de la seconde et 15 de la troisième.
Cette matière est d'une extrême sensibilité dans son
action.

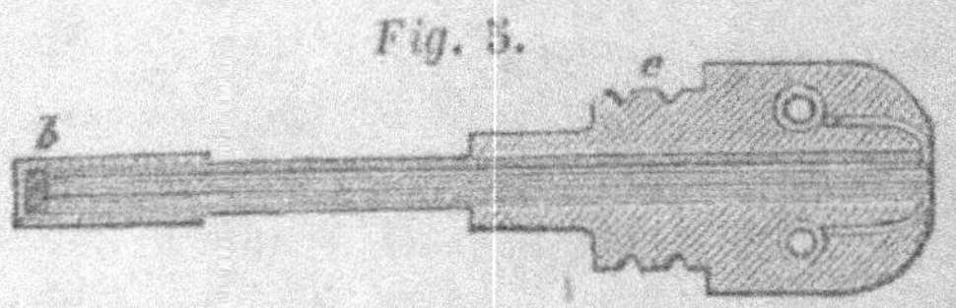

Fig. 5.

La figure 5 représente une des fusées d'Abel. Elle se
compose d'une tête de buis percée de trois trous, l'un
qui passe par-dessous à travers le centre, et les deux
autres de chaque côté du trou central, parallèles l'un à
l'autre et formant un angle droit avec celui-ci. On fait
passer à travers ce trou du centre deux fils isolés qui
sont juxtaposés, et auxquels on laisse une longueur suffisante pour se projeter à travers le haut de la tête de la
fusée, de façon que la gutta-percha puisse être enlevée
sur une longueur d'environ un pouce et demi. Ces bouts
mis à nu des fils sont alors pressés dans de petites rai-
nures taillées dans la tête de la fusée, et l'extrémité de
chacun passe dans l'un des trous horizontaux, et y est
fixée par l'introduction d'un morceau de tube de cuivre
s'y adaptant parfaitement, de sorte que le fil se trouve
solidement serré entre la surface du tube de cuivre et le

bois. On fait passer dans ces tubes les bouts des fils
conducteurs, et on les fixe au moyen d'une petite gou-
pille de cuivre que l'on fait entrer à frottement dans les
trous. L'extrémité du fil double recouvert, qui fait quelque peu saillie sur le fond de la tête de la fusée, est
coupée suivant une surface de section bien nette, en
prenant bien soin que les extrémités des fils ne soient
pas resserrées jusqu'au contact par l'opération. Sur le
bout de ce double fil, on adapte un petit capuchon de
feuille d'étain, après avoir pris soin d'introduire un peu
de la composition servant d'amorce (*b*). Le capuchon
subit une forte pression, de sorte que la composition est
soumise à une légère compression, et se trouve maintenue
en étroit contact avec les bouts des fils. Quand on veut
se servir de la fusée, on adapte hermétiquement, sur
l'épaulement *c*, un étui de papier rempli de fine poudre
à canon, et on le fixe avec une ficelle. L'action de la fusée
est la même que celle de Statham ; l'électricité, en passant
d'un fil à l'autre au travers de la composition, en élève
la température et en détermine l'inflammation, qui se
communique à son tour à la poudre à canon, et de là à
la charge où elle se trouve introduite.

Les avantages des fusées à fil de platine sont — beaucoup de facilité et de sécurité pour s'assurer de l'état des
circuits électriques ; on peut les conserver sans détérioration aussi longtemps qu'on veut et par toute espèce de
climat. On peut les improviser très-facilement, à cause
de la grande simplicité des matières qui les composent ;
il n'y a pas nécessité d'arriver à un haut degré d'iso-
lement dans les câbles électriques ; par conséquent on
peut faire partir sans difficulté une fusée de ce genre,
avec un ou deux pieds de fil conducteur dépouillé de sa
garniture isolante. La grande difficulté dans l'emploi de
la fusée au fil de platine consiste dans la batterie voltaïque qu'il faut nécessairement employer dans ce cas.
Quant à la seconde espèce de fusée, — la fusée à tension,

4

comme on l'appelle, — son grand avantage est qu'on
peut la faire partir au moyen de l'électricité de frottement, ou par un appareil d'induction magnétique, ainsi
que par toute sorte de batterie voltaïque. Un électro-
médical ordinaire à secousses, ou bien une batterie de
chaîne Polvermacher, met facilement le feu à une fusée
d'Abel. L'électricité à haute tension, telle que celle que
l'on obtient avec une machine d'induction magnétique ou
avec un appareil à frottement, ne peut servir quand il y
a nécessité d'employer des câbles avec deux fils ou plus
dans chacun, ou quand deux câbles distincts sont disposés côte à côte sur une longueur un peu considérable.
En effet, un courant traversant un fil déterminerait par
induction la circulation d'un courant dans le fil disposé
parallèlement, et ferait partir la fusée avec laquelle il
communique, sans que l'on s'y attende. Quand même
deux câbles, courant parallèlement l'un à l'autre pendant
un demi-mille, seraient séparés par une distance de
20 pieds, un courant qui traverserait l'un de ces fils, déterminerait, par induction, dans l'autre un courant assez
puissant pour enflammer une fusée à tension.

LE LITHOFRACTEUR (1).

Sur la demande de la Commission du gouvernement,
on a pratiqué à Nantmawr, près de Shrewsbury, un certain nombre d'essais éminemment intéressants et instruc-
tifs de cette précieuse et importante matière explosive,
avec des résultats qui en ont mis en évidence toute la
puissance et la sécurité. Au mois de mai de l'année dernière, des essais particuliers très-remarquables avaient été
faits dans cette exploitation, et dans une autre carrière,
à Breidden, dirigée par M. France.

La question de la liberté d'importation et de la fabrication de cette matière ayant été renvoyée par le secrétaire

____

(1) Voir pages 40 et 118 ce que c'est que le *Lithofracteur*.

d'Etat à la Commission du Bureau de la Guerre, pour les matières explosives, chargée de faire un rapport, le colonel Younghusband, R. E. (président), le colonel Milward, C. B., R. A., le colonel Nugent, C. E., le capitaine Field, R. N., M. Bidder, C. E., le D' Odling et M. Bauerman (membres), avec le secrétaire, le capitaine W. H. Noble, R. A., ainsi que le capitaine Majendie, R. A., au nom du ministère de l'Intérieur, se rendirent à Shrewsbury, le mardi de la semaine dernière, pour répéter officiellement les expériences convaincantes de l'an passé, avec d'autres encore plus concluantes, et quelques-unes aussi pour des opérations militaires. Le programme aussi bien que les expériences furent disposés selon les désirs de la Commission, et dirigés par le prof. Engels en personne. Le succès fut complet chaque fois, bien qu'en plus d'un cas les conditions fussent à dessein choisies au désavantage de l'agent explosif. Les expériences furent continuées les deux jours suivants, pour l'édification des nombreux visiteurs appartenant à la marine, à la l'armée et au commerce, qui s'étaient rendus à l'invitation des fabricants, MM. Krebs et Cⁱᵉ, de Cologne. Ces messieurs se proposent d'établir chez nous de grandes fabriques, aussitôt qu'ils en auront reçu l'autorisation du gouvernement, autorisation qui ne leur sera pas refusée, nous en avons l'assurance, après le succès des expériences qui viennent d'avoir lieu.

Les premières opérations exécutées par la Commission à son arrivée sur les lieux, furent l'application de divers essais chimiques pour déterminer les points de fumée et d'explosion, et l'on y parvint de la façon la plus remarquable ; — ensuite pour en expérimenter la sécurité dans le cas de lourdes charges et de puissantes secousses. On fit également partir diverses charges dans les rochers pour montrer la puissance du lithofracteur dans les explosions des mines. L'effet obtenu fut complet, et d'une force qui ne laissait rien à désirer. Des boîtes de cette substance furent lancées sur la carrière d'une hauteur de 150 pieds : tous les résultats furent complétement identiques avec ceux que nous avons rapportés dans une précédente occasion. Pour abréger, nous ne signalerons dans cette notice que ceux de ces essais qui présentent quelque caractère de nouveauté : nous allons les rapporter dans l'ordre où ils ont été exécutés.

Il sera bon toutefois de faire précéder ces descriptions d'une note sur la manière dont le lithofracteur — une quantité de 5 quintaux — a été importé d'Allemagne, par roulage, par mer et par chemin de fer, jusqu'au théâtre des opérations. Le lithofracteur est distribué dans de minces cartouches de papier imperméable, d'un pouce environ de diamètre, et de longueurs diverses, pesant respectivement 1/2 once, 1 once, 1 1/2 once et 2 onces. Ces diverses sortes mélangées sont convenablement empaquetées dans une forte enveloppe de carton, contenant en tout 5 livres de la matière, et qui se trouve ficelée elle-même dans une autre enveloppe de papier noir. Dix de ces cartons sont ensuite empaquetés dans une forte caisse de bois, dont le couvercle est assujetti par des clous de zinc : chaque caisse contient ainsi 50 livres.

Première Expérience. — Un carton de 5 livres fut placé dans un buisson d'épines, sur une pente qui aboutit à la carrière, en pleine direction du vent, très-vif alors, et marquant environ 5° de force. On amoncela tout autour, sur 6 ou 7 pieds de hauteur et de largeur, de la paille et du bois, puis on mit le feu au tas avec des mèches. Il s'éleva une forte flamme, qui dura au moins une demi-heure ; mais il ne se produisit aucune explosion, et le lithofracteur fut complétement consumé.

2ᵉ *Expérience.* — Des cartouches furent placées séparément sur une plaque de fer, et frappées avec de lourdes pierres ; on y laissa tomber un boulet en fonte de 32 livres d'une hauteur de 7 pieds. Chaque fois le lithofracteur subit une forte compression, mais jamais il ne s'enflamma ni ne fit explosion.

3ᵉ *Expérience.* — Sur la demande du chimiste de la Commission, on renferma hermétiquement 5 livres du lithofracteur dans une forte boîte en bois, fortement assujettie avec des clous de fer. On y introduisit, à travers le bois, une fusée Bickford. Puis on plaça la boîte dans une cavité pratiquée dans une fente de la solide roche calcaire, ayant environ 2 pieds de long sur 1 pied de large et 2 de profondeur. La cavité fut hermétiquement bourrée de mousse et de gazon, puis recouverte d'une plaque de fer pressée par une masse de pierres entourées de mousse et de gazon. Dans cette excavation fermée, et à l'intérieur de cette boîte scellée, le feu fut mis au lithofracteur au moyen de la fusée : il brûla, en donnant des nuages abondants de cette fumée particulière qui caractérise sa combustion. Cette expérience extraordinaire convainquit tous les spectateurs de la sécurité avec laquelle on peut manier cette substance.

4ᵉ *Expérience.* — Tout au sommet de la colline élevée, on fit une simple palissade de traverses de chemin de fer, à dos arrondi, d'une largeur ordinaire de 9 pouces, ayant 9 pieds de longueur et enfoncées de 18 pouces dans le sol, lequel était formé d'une argile très-dure, mêlée de cailloux de roche calcaire. La rangée était de 12 traverses. On mit en avant du pied de cette palissade un tube en caoutchouc de 13 pieds sur 2 1/2 pouces de diamètre, rempli de 27 livres de lithofracteur, et on l'enflamma au moyen d'une fusée Bickford et d'un détonateur (1). Une petite partie seulement fit explosion, le lithofracteur ayant été gelé par les vents froids qui soufflent des montagnes du pays de Galles, dont on apercevait les cimes recouvertes de neige. Quatre traverses furent coupées en face de la partie qui éclata.

(1) Voir page 118.

5e *Expérience*. — Cette expérience fut un des événements du jour. On avait pareillement élevé, à 94 yards de la précédente, une double palissade de matériaux du même genre, avec un intervalle de 7 pieds entre les rangées dont chacune comprenait 14 traverses. Contre le pied de la première rangée furent disposés, avec leurs bouts touchant juste au centre, deux tubes d'une mince feuille de zinc, de 4 pouces 1/4 de diamètre et de 11 pieds de long (22 pieds en tout), contenant chacun 75 livres de lithofracteur (en tout 150 livres). On y mit le feu par une fusée Bickford et un détonateur, introduit dans un tube par le joint ouvert qui se trouvait entre les deux. L'explosion fut parfaite, projetant un volcan de feu, de terre et de pierres ; on l'entendit jusqu'à 14 milles de distance. Les palissades furent fendues en morceaux comme des allumettes, et la colline fut jonchée d'éclats sur un rayon de 150 yards. Dans la vallée une petite cabane en pierre, à 135 yards de distance, eut toutes ses fenêtres tordues et projetées au loin dans son petit jardin. A l'endroit où se trouvait la palissade, le sol présentait une tranchée de 24 pieds de long, sur 9 de large et 3 de profondeur, où des troupes auraient pu immédiatement s'établir avec sécurité.

6e *Expérience*. — On établit un toit à l'épreuve de la bombe, au-dessus d'une excavation de 7 pieds de large, avec des barreaux de fer à double tête, cylindriques et d'une dimension ordinaire de 5 pouces : les barreaux étaient étroitement serrés côte à côte au moyen des têtes qui s'emboîtaient alternativement dans les creux formés par les entrelacements des barreaux sur chaque côté. La largeur de cette espèce de toit était de 1 pied 4 pouces, et il se composait de 9 barreaux. On plaça sur le sommet du toit une charge de 15 livres de lithofracteur, sans autre bourre que quelques mottes de gazon. Le feu y fut mis au moyen d'une fusée Bickford et d'un détonateur. L'explosion brisa en deux trois des barreaux, en tordit six autres, et lança le tout çà et là. Un fragment de barreau, long de 2 pieds 7 pouces, fut projeté à 25 pieds de distance.

7ᵉ *Expérience*. — Un tube de zinc de 4 1/2 pouces, sur 6 pieds de longueur, rempli de 43 livres de lithofracteur, fut introduit verticalement dans le sol à une profondeur à sa base de 8 pieds, c'est-à-dire, en d'autres termes, à 2 pieds au-dessous de la surface : le feu y fut mis par une fusée Bickford et un détonateur. L'explosion ouvrit un cratère en forme d'entonnoir, de 16 pieds sur 15, avec 5 pieds à peu près de profondeur : au fond se trouvait une accumulation de terre mollement soulevée. Une grêle de petites pierres tomba d'une hauteur d'environ un millier de pieds sur la foule des spectateurs qui stationnait sur le flanc de la colline, à 120 yards de distance. Heureusement personne ne fut atteint.

8ᵉ *Expérience*. — Cette expérience fut la reproduction de l'expérience mémorable qui avait été faite un an auparavant. On attacha des cartouches dépaquetées sur les tampons de bois d'un truc de chemin de fer, chargé de plus d'une tonne et demie. Ce truc, lancé sur une pente de 1 pied sur 8, faisait collision avec un autre truc enrayé sur les rails à 500 yards de distance, qu'il allait heurter avec une vitesse probablement supérieure à celle de 30 milles à l'heure. Le truc fut à moitié mis en pièces par le choc, les cartouches broyées, mais il n'y eut aucune explosion. Les cartouches furent attachées sur les rails, d'autres collées par des enduits de distance en distance, de façon que les roues vinssent à passer dessus. Il y eut des explosions limitées sur les parties les plus minces où le frottement était le plus intense, mais le reste des cartouches ne prit pas même feu.

9ᵉ *Expérience*. — C'est encore l'expérience des trucs comme précédemment ; mais les tampons sont revêtus d'une forte plaque de fer, afin de déterminer par la collision l'explosion des cartouches ; car on sait qu'elle doit se produire par le choc violent d'un métal contre un autre métal. Trois simples cartouches furent attachées à chaque tampon. Le truc descendant fut lancé sur la ligne avec une force extraordinaire et une vitesse effrayante, qui semblait atteindre ou dépasser 50 milles à l'heure, et alla choquer le truc opposé de la façon la plus complète et la plus violente. Les six charges partirent successivement dans l'air comme des coups de pistolet, au moment où les trucs se heurtaient l'un contre l'autre, et leurs débris allèrent jusqu'à 30 ou 40 pieds joncher la ligne ; ils furent même lancés par-dessus les clôtures. Impossible de tenter un essai plus concluant; il sembla néanmoins possible que, si l'on eût employé des charges plus fortes, l'écrasement du lithofracteur plastique aurait pu ne pas donner naissance à une explosion, et qu'il aurait échappé sans atteinte.

10ᵉ *Expérience.* — C'est encore une troisième expérience de trucs : les tampons sont en bois d'un côté et en fer de l'autre. Le résultat est le même que précédemment : les cartouches ne font pas explosion.

11ᵉ *Expérience.* — C'est la dernière expérience de la Commission ; elle se proposait de représenter l'effet de la substance employée comme torpille. La profonde vallée, au pied du *tramway* qui mène à la carrière, est traversée par un cours d'eau large de 7 pieds, qui se rend dans un profond canal enduit d'argile ; il passe sous un pont en traverses de bois, large de 8 pieds. On y accumula trois rangs de traverses ordinaires à dos arrondi, que l'on surchargea de 3 pieds de terre et de pierres. Ensuite on barra la rivière à courte distance, de façon à élever le niveau de l'eau à un pouce au-dessus de la surface inférieure du pont, — ce qui donnait à l'eau une profondeur de 6 pieds. On fit ensuite flotter deux charges de lithofracteur, de 50 livres chacune, sous le pont, à la distance de 2 pieds, et on les maintint dans cette position au moyen de câbles. Une fusée Biekford et un détonateur furent placés dans chaque charge, et l'on alluma simultanément les deux bouts des fusées. L'explosion fut magnifique ; 40 tonnes environ de matériaux furent projetés dans les airs à 3 ou 400 pieds de hauteur ; les pierres et les traverses volèrent plus haut encore et tombèrent bien loin tout alentour. Le pont fut entièrement démoli, il n'en resta pas vestige. La digue fut crevée, et la rivière coula par un cratère de 21 pieds environ de diamètre sur un trou de 2 pieds 3 pouces de profondeur, jusque dans le lit situé au-dessous.

Des expériences, non officielles, qui furent exécutées les jours suivants, la plus remarquable est celle où l'on fit partir un tube de zinc de 4 1/2 pouces, sur 6 pieds de long, contenant 43 livres de lithofracteur, au-dessous de l'eau, dans la Severn, à son passage au-dessus de la mine de Breidden. On vit jaillir une très-belle fontaine, avec une remarquable absence d'éclats, le zinc ayant été, selon toute probabilité, entièrement volatilisé par la chaleur de l'explosion.

Les deux dernières explosions que nous avons rapportées sont bien remarquables, et d'une portée bien significative dans leurs résultats. L'expérience du pont montre avec évidence quel serait l'effet d'une grande torpille Harvey, qui ferait explosion sous un vaisseau cuirassé. L'hélice et le gouvernail seraient infailliblement projetés en même temps que la puissance de destruction s'exercerait avec tant de force sur la coque elle-même, que, sans aucun doute, comme le faisait observer un Américain, très-habile officier de marine, qui se trouvait présent, le capitaine n'aurait plus besoin de s'inquiéter du salut de son navire. Cette expérience du pont, ainsi que celle que l'on fit ensuite sur la Severn, ont encore montré la certitude et l'efficacité d'opérations sous-marines qui agiraient contre des barrages pour intercepter des canaux, comme celle que l'on projette en Hollande, où l'on se propose de faire éclater un tube de 1,500 yards de long, rempli de 10 tonnes de lithofracteur, pour ouvrir un passage à travers les hauts-fonds de Rotterdam. On est en droit de s'attendre aux plus heureux résultats de cette audacieuse entreprise, dont l'idée est due à M. Rietschoten, de ce port.

Mèche Bickford et Détonateur.

Le *Bickford* ou *mèche Bickford*, du nom de son inventeur, est le moyen employé par le génie militaire, concurremment avec les procédés électriques, pour mettre le feu à la poudre. Elle brûle avec une vitesse déterminée : un mètre par minute ou un mètre par cinq minutes, suivant les types.

Il y a du bickford enveloppé de gutta-percha qui peut sans inconvénient être placé dans des flaques d'eau ; la combustion se transmet à l'intérieur sans être arrêtée par le voisinage de l'eau. Quand on veut enflammer de la poudre ordinaire, le bickford y suffit ; mais quand on veut enflammer de la dynamite, il faut employer le *détonator* : c'est un petit tube de fer-blanc bouché par un bout et contenant un gramme de fulminate de mercure ; on fourra le bickford dans le tube et le tube dans la dynamite.

Quand le feu du bickford arrive au fulminate, il détone et fait détoner la dynamite.

Composition du Lithofracteur.

Nitroglycérine..	42 parties
Nitrate de soude.....................................	25 »
Soufre	4 »
Sable, terre siliceuse, sciure de bois et charbon grossièrement pulvérisé...............................	29 »
	100 »

EFFETS DE LA DYNAMITE

DÉMONSTRATIONS FAITES LE 27 JANVIER 1872

Par MM. Paul BARBE

CHEF D'ESCADRON D'ARTILLERIE DE LA GARDE MOBILE DE LA MEURTHE

Et BRÜLL, Ingénieur civil

Samedi matin, 27 janvier, MM. Paul Barbe, chef d'escadron d'artillerie de la garde mobile, et Brüll, ingénieur civil, ont fait, au fort de Montrouge, en présence de l'empereur du Brésil, une série d'expériences tendant à démontrer les effets de la dynamite ; et ces expériences, auxquelles assistaient un certain nombre d'officiers, ont montré une fois de plus la puissance de cette substance, connue depuis si peu de temps en France, et appelée, sans aucun doute, à rendre, au point de vue militaire, des services plus grands encore que ceux qu'on en a obtenus jusqu'à ce jour.

Première Expérience.—Sur un rail à double champignon de 1ᵐ,50 de longueur et 0ᵐ,12 de hauteur, posé à plat sur le sol, on a placé 7 cartouches de dynamite pesant environ 65 grammes l'une ; l'explosion a été produite par une cartouche-amorce de 20 grammes, portant une capsule au fulminate de mercure, munie d'un bout de mèche de mineurs. — Non-seulement le rail a été brisé, mais la partie où reposait la charge a été divisée en sept ou huit éclats de diverses grosseurs.

2ᵉ *Expérience*. — Dans un bloc cubique de fer forgé de 0ᵐ,300 de côté, pesant 292 kil., on avait percé un trou de 25 millimètres de diamètre. Ce trou, normal au centre de l'une des faces, pénétrait de 0ᵐ,240. On le remplit de cinq cartouches de 20 grammes chacune, sans bourrage. — Après l'explosion, on reconnut que le trou avait été agrandi, et que les diamètres étaient de 0ᵐ,032 à l'orifice et de 0ᵐ,040 environ à l'intérieur, le vide présentant alors la forme d'une bouteille. Quatre fissures s'étaient produites dans la masse. — En rechargeant de 140 grammes environ le vide ainsi agrandi, on cassa à la seconde explosion le bloc en six morceaux, dont l'un fut projeté à 20 mètres de distance. — La cassure dénota un fer de bonne qualité. Le diamètre du forage avait atteint 0ᵐ,047.

3ᵉ *Expérience*. — Dans le pied d'un orme de 0ᵐ,87 de circonférence, on avait pratiqué à la tarière un trou de 0ᵐ,028 de diamètre et de 0ᵐ,22 de profondeur. On logea dans cette ouverture environ 80 grammes de dynamite, dont l'explosion a coupé l'arbre à la hauteur même de la charge.

4ᵉ *Expérience*. — On entoure un autre orme de 0ᵐ,95 de circonférence d'un saucisson de toile contenant 1ᵏ,800 environ de dynamite en cartouches ; l'explosion produit une entaille circulaire, sans amener la chute de l'arbre.

On recommence alors l'expérience en enroulant un chapelet de cartouches un peu plus bas ; la charge totale étant de 3ᵏ,500 environ, l'explosion amène, cette fois, la chute de l'arbre, qui présente une cassure nette.

5ᵉ *Expérience*. — Un saucisson de toile de 2ᵐ,50 de longueur, renfermant 4ᵏ,500 par mètre courant, est attaché, à 4 mètres du sol horizontalement, sur la face intérieure du mur de façade d'une caserne destinée à être démolie. Le mur, construit en meulières, a 0ᵐ,80 d'épaisseur et 8 mètres environ de hauteur à l'endroit attaqué. — Le feu a été mis cette fois par l'électricité, à l'aide de l'exploseur Bréguet. — L'explosion détermine une brèche de 3^m,50 de largeur, qui amène la chute de la partie supérieure du mur.

Deux autres explosions, faites l'une avec un tuyau de zinc de 2 mètres de longueur, contenant 5^k,200 de poudre Nobel, et l'autre avec un saucisson de toile semblable à celui de la première explosion, produisent dans le mur des coupures correspondant à la longueur de la charge, mais sans entraîner la chute de la muraille, qui reste debout, quoique privée de supports sur une grande partie de sa longueur.

6e *Expérience.* — Une charge de 700 grammes environ, posée sur une pierre de taille de 0^m,60 de longueur sur 0^m,50 de largeur et 0^m,35 d'épaisseur, la réduit à un très-grand nombre de morceaux dont le plus gros cube à peine 7 à 8 décimètres cubes.

7e *Expérience.* — Sur une plaque carrée en fer forgé, de 0^m,50 de côté et de 0^m,050 d'épaisseur, on pose 2 kil. 700 gr. environ de dynamite. L'explosion brise la plaque en plusieurs morceaux, qu'on retrouve assez profondément incrustés dans le sol.

8e *Expérience.* — Pour montrer la vitesse considérable que prendraient les éclats d'un projectile chargé de dynamite, on a, à deux reprises différentes, fait éclater une boîte en fer-blanc mince, contenant 2 kil. de cette substance, à 0^m,25 à peu près de distance d'une épaisse plaque de tôle.

Après chacune des explosions, on a pu constater que les éclats du fer-blanc avaient criblé la surface de la tôle d'une quantité de trous de 2 à 3 millimètres de profondeur. Cette profondeur a même atteint 5 millimètres pour quelques trous dans la seconde explosion.

9e *Expérience.* — On a produit des ruptures aux palissades du modèle ordinaire, en employant d'abord un saucisson de toile chargé de 2 kil. par mètre, et suspendu par les deux extrémités aux pointes de la palissade, puis un tuyau de zinc, contenant 2 kil. 600 par mètre, placé à air libre au pied de la palissade. Dans la première explosion, sur quatorze pieux intéressés, neuf sont coupés à la hauteur du saucisson et cinq sont atteints plus ou moins profondément, mais sans être renversés. Dans la seconde explosion, au contraire, les cinq pieux placés devant le tuyau de zinc sont nettement rasés. On a pu constater, en outre, dans la seconde explosion, qu'aucun éclat n'était projeté du côté de l'opérateur.

10ᵉ *Expérience*. — Un tonneau cerclé en fer, de 2 hect. de contenance, placé debout et rempli d'eau, porte à sa partie supérieure une ouverture carrée par laquelle on jette un paquet de quatre cartouches muni de deux mèches préalablement allumées.

Après l'explosion, on ne retrouve plus trace du tonneau : à la place où il reposait, s'est produit un entonnoir de 0ᵐ,40 de profondeur.

Tels sont les résultats constatés, résultats que nous nous contentons de rapporter sans aucun commentaire ; la poudre Nobel est encore chez nous un sujet d'étude ; nous sommes, sous ce rapport, fort en retard sur nos voisins, et il est important de grouper le plus grand nombre possible de faits pour arriver à des conclusions et à des formules pratiques ; mais, en dehors de son utilité au point de vue militaire, cette substance est appelée à rendre des services signalés à l'industrie, à cause des économies considérables que sa force explosible permet de réaliser dans l'exploitation des mines, et un article de l'*Engineering*, du 26 janvier, constate les progrès immenses que son emploi fait chaque jour en Allemagne et en Angleterre.

RÉSUMÉ DES TRAVAUX

SUR LA DYNAMITE ET SES APPLICATIONS

Par M. J.-B. VIOLLET

I. — Préparation de la Dynamite.

La dynamite n'étant qu'un mélange de nitroglycérine avec un corps siliceux, il convient d'indiquer d'abord le mode de fabrication de la première de ces substances ; à cet égard, nous ferons encore un emprunt à la brochure de M. Champion, qui, tout en rappelant la description donnée par M. Payen dans sa *Chimie industrielle*, a cru devoir consigner quelques détails relatifs aux phases de l'opération et aux moyens d'éviter tout danger.

On fait un mélange de 2,200 grammes d'acide sulfurique à 66 degrés et de 1,100 grammes d'acide azotique fumant (à un équivalent d'eau) ; la température s'élève notablement. Quand le mélange est refroidi, ce qu'on obtient artificiellement, en peu de temps, au moyen d'un courant d'eau, on répartit le liquide dans des vases ou ballons de verre ou de grès, d'une contenance d'environ 150 à 200 cent. cubes, puis on fractionne 500 grammes de glycérine, de manière à en introduire dans chaque vase une quantité proportionnelle au poids des acides qu'il renferme. Cette addition doit être faite lentement, en agitant le récipient et le refroidissant au moyen d'un courant d'eau continu. Si l'introduction de la glycérine est trop rapide, ou si l'on n'a pas soin de refroidir convenablement le récipient, le mélange s'échauffe graduellement, des vapeurs jaunes d'acide hypoazotique apparaissent, une violente réaction se détermine et chasse le liquide en dehors du vase. Dans ce cas, le mieux est de jeter le tout dans l'eau. Cette réaction provient de l'action de l'acide azotique sur la glycérine et de l'échauffement produit par le mélange de l'acide sulfurique avec l'eau qu'elle contient. Le commerce livre, en général, la glycérine à 27 ou 28 degrés Baumé. La réaction sera donc d'autant moins violente que la glycérine sera plus anhydre ; aussi doit-on, de préférence, l'employer à 30 ou 32 degrés.

On peut introduire directement les 500 grammes de glycérine dans le mélange des deux acides, sans fractionner l'opération ; mais, dans ce cas, il faut agir avec prudence, et s'assurer souvent que la température du liquide ne s'élève pas. Néanmoins l'expérience rend la première méthode préférable, surtout quand on ne dispose pas d'une installation convenable.

Au bout de dix minutes on verse le liquide dans une grande quantité d'eau froide, et, en agitant, la nitroglycérine produite se précipite sous forme de liquide huileux blanchâtre qui se rassemble rapidement au fond du récipient ; on décante l'eau, on la renouvelle en remuant le liquide, et on continue ainsi jusqu'à ce que le produit ne soit plus acide. Pour arriver à ce résultat, il est nécessaire d'agiter vivement en renfermant le liquide dans des bouteilles ou touries : sans cela, l'eau de lavage resterait neutre, tandis que la nitroglycérine serait encore acide, ce qui hâterait sa décomposition et lui ferait perdre, en quelques semaines, une partie de ses propriétés.

La fabrication de la nitroglycérine produit des maux de tête violents chez les ouvriers. Le meilleur moyen de parer à cet inconvénient est d'opérer dans un lieu aéré, ou en plein air ; probablement quelques aspirations d'eau ammoniacale détruiraient en peu de temps ces fâcheux effets.

On sépare ensuite l'excès d'eau au moyen d'un entonnoir à robinet.

La nitroglycérine, dans ces conditions, est laiteuse à cause des particules d'eau qu'elle tient en suspension. On peut la rendre limpide par l'addition de chlorure de calcium fondu ; mais cette opération est inutile pour la fabrication de la dynamite et présenterait, en grand, des inconvénients dus à l'échauffement qui pourrait se produire. La nitroglycérine, débarrassée d'eau, se présente sous l'aspect d'un liquide huileux, incolore, dont la densité est de 1,6. Au contact d'un corps enflammé, elle brûle lentement avec une flamme verte et détone sous un choc violent.

Projetée sur une plaque métallique chauffée, elle se volatilise sans détonation à une température inférieure au rouge très-sombre ; elle détone violemment, comme par le choc, au rouge sombre, et enfin, au-dessus elle prend l'état sphéroïdal, et se décompose sans explosion en se volatilisant.

En raison des dangers qu'elle présente, il est important de transformer la nitroglycérine en dynamite, ce dernier produit offrant, au contraire, de grandes conditions de sécurité.

Un grand nombre de matières ont été proposées comme mélanges pour obtenir la dynamite. On emploie la silice desséchée, provenant de l'attaque du kaolin par l'acide sulfurique dans la fabrication de l'alun. Mais souvent le kaolin est imparfaitement attaqué, et le produit obtenu ne convient pas pour remplir le but proposé.

Les sables et grès en poudre très-fine peuvent être également utilisés pour le même objet. En Allemagne, on emploie la pierre meulière écrasée. Quant à nous, dit M. Champion, nous préférons la terre cuite provenant des fours à verrerie ou à briques. Cette matière nous a fourni d'excellents résultats ; sa porosité permet, à poids égal, d'obtenir un produit plus sec. En résumé, les corps siliceux non plastiques peuvent servir au mélange, surtout s'ils sont poreux.

Pour opérer, on introduit la poudre siliceuse (80 ou

75 pour 100) dans un vase en grès ou en porcelaine, et on verse dessus 20 à 25 pour 100 de nitroglycérine, puis on agite le tout avec une spatule en bois. Par mesure de précaution et pour obtenir le produit homogène, il est utile de ne préparer que quelques kilogrammes à la fois. Quand le mélange est intime, la dynamite est prête à être employée ; elle ne doit pas mouiller les parois du vase dans lequel on la place. On peut se rendre compte de l'innocuité de ce corps en en plaçant une pincée sur une enclume et en frappant dessus avec un marteau en fer ; à chaque coup on entend un faible bruit, analogue à celui d'un coup de fouet.

Il est indispensable que la matière siliceuse soit employée à l'état de poudre fine, car un mélange de nitroglycérine et de sable de rivière détone par le choc, comme la nitroglycérine elle-même sous le choc du marteau.

Prix de revient pour une fabrique livrant 50 kilogrammes de dynamite par jour.

10 kil. de glycérine à 30 ou 32 dégrés B., à 150 f. les 100 kil.	15 f.	»
44 — acide sulfurique à 66 degrés, à 20 f. —	8	80
22 — acide azotique fumant, à ....110 f. —	24	20
40 — terre cuite pulvérisée, à...... 5 f. —	2	»
Main-d'œuvre, 3 ouvriers...........................	18	20
Direction...............................	10	»
Frais généraux, etc..........................	21	80
Total..................	100 f.	»

Soit 2 fr. le kilogramme de dynamite contenant 25 pour 100 de nitroglycérine. La fabrication continue et en grand permettrait de livrer ce produit à un prix variant de 1 fr. 60 à 1 fr. 80.

Le froid retarde l'explosion de la dynamite et l'empêche totalement à la température de — 6 à — 8 degrés C. ; à + 6 degrés l'explosion est déjà irrégulière.

Transformée en dynamite, la nitroglycérine se conserve

longtemps et ne se sépare pas de la matière siliceuse avec laquelle elle a été mélangée.

II. — Expériences sur les effets de la Dynamite
enflammée par des capsules au fulminate de mercure (1),
par MM. Boiley, Pestalozzi et Kundt.

1. A. *Exploitation des roches.* — Dans la carrière de Dœnikon (calcaire jurassique dur), on a creusé, près de la paroi verticale de la roche, un trou de mine, vertical aussi, de $1^m,11$ de profondeur et de $0^m,03$ de diamètre. Ce trou était éloigné de $2^m,70$ de la paroi verticale de la roche ; la charge était de 2,5 cartouches, et le trou de mine était simplement rempli d'eau, comme à l'ordinaire. La pierre se brisa par l'explosion à peu près sous forme pyramidale. La masse éclatée fut projetée un peu trop loin, et consistait en $6^m,5$ cubes. L'effet eût été évidemment plus considérable, si l'éloignement du trou eût été moins grand, relativement à sa profondeur.

2. Dans un second essai, on donna au trou de mine $1^m,32$ de pénétration, $0^m,03$ de diamètre, une charge de 3,5 cartouches, occupant en tout $0^m,42$ de hauteur, et l'on remplit encore le trou avec de l'eau.

La pierre éclata jusqu'à 3 mètres de profondeur, et ses débris représentèrent un volume d'environ 71 mètres cubes.

(1) Pour le cas où l'on ne peut se procurer du fulminate de mercure, on le prépare comme suit :

« On le dissout, à chaud : 1 partie de mercure dans 10 parties d'acide azotique du commerce. Quand la solution est complète et que la température est redescendue à 55 degrés C., on ajoute, par portions, 8 parties d'alcool à 83 degrés. Au bout de quelque temps le liquide s'échauffe, des vapeurs blanches se manifestent et un trouble se produit. Le fulminate se dépose peu à peu. Quand l'action est terminée, on décante le liquide, on lave le produit, par décantation, avec de l'eau froide, et on l'égoutte sur un filtre en papier. Le fulminate doit être employé humide. On le tasse dans les capsules et, après dessiccation, on ajoute une goutte de vernis épais à la gomme laque. »

3. B. *Mines dans des pierres isolées.*—Dans un bloc de granit du Saint-Gothard, mesurant un peu moins de 1 mètre cube, on a creusé un trou d'environ $0^m,20$ de profondeur, que l'on a rempli à moitié de dynamite. L'explosion réduisit le bloc en un grand nombre de petits fragments qui se dispersèrent au loin de tous côtés.

4. Dans un bloc solide de pierre calcaire de $0^m,96$ de longueur, $0^m,66$ de hauteur et $0^m,90$ de largeur, on creusa une cavité en forme de mortaise, de $0^m,15$ de longueur, $0^m,12$ de profondeur et $0^m,02$ de largeur. Dans ce refouillement, on plaça une cartouche de dynamite dans le sens de la longueur, et l'on remplit le creux avec de l'argile.

L'explosion brisa la pierre en trois gros éclats et en un grand nombre d'autres petits.

5. C. *Explosions dans la fonte de fer.* — On a d'abord opéré sur un cylindre massif en fonte bien homogène, de très-bonne qualité, dont le poids approchait de 2,500 kilog. On y a foré deux trous de $0^m,0215$ de diamètre : de $0^m,320$ de profondeur pour le premier, et de $0^m,300$ pour le second. La charge de dynamite fut pour le premier de $0^m,090$, et pour le second de $0^m,200$ de hauteur ; les deux furent remplis d'eau. Les deux trous furent garnis de mèches, mais on n'alluma que le premier, aussi n'y eut-il d'explosion que là.

Le cylindre se brisa en trois éclats ; l'un d'eux, dont le poids était d'environ 600 kilog., fut projeté à 6 mètres.

On mit ensuite le feu à la charge du second trou. Deux débris furent lancés, l'un et l'autre, à environ 6 mètres, et le morceau, par l'effet du recul, s'enfonça profondément dans la terre. L'inspection des débris fit reconnaître que les diamètres des trous avaient été, à leur fond, portés jusqu'à $0^m,032$ et, par conséquent, élargis de $0^m,0105$.

6. Un second cylindre massif en fonte, de $0^m,84$ de longueur et $0^m,25$ d'épaisseur, fut percé, à son milieu, d'un trou de $0^m,195$ de profondeur et de $0^m,024$ de diamètre.

On remplit ce trou de dynamite jusqu'à la hauteur de $0^m,075$, puis d'eau jusqu'à son orifice. L'explosion chassa l'eau et produisit seulement quelques déchirures dans le cylindre. On fit éclater une seconde charge semblable à la première, ce qui divisa la pièce en deux parties considérables et en plusieurs petits fragments. Le trou fut encore élargi au fond, et atteignit $0^m,035$ de diamètre ; sa profondeur fut augmentée de $0^m,005$.

7. D. *Explosion dans le fer malléable.* — Une grosse enclume en fer, pesant environ 200 kilog., fut forée d'un trou de $0^m,180$ de profondeur et de $0^m,215$ de diamètre. La charge fut de $0^m,060$ de hauteur, et le vide restant fut rempli d'eau. L'explosion déchira ce bloc de fer en deux pièces.

8. E. *Explosion sous l'eau.* — Une cartouche munie d'une mèche et assujettie sur une planche fut plongée dans l'Aar et maintenue entre deux eaux. L'explosion lança à une hauteur considérable une grande masse de ce fluide, qui retomba en pluie, sur une surface étendue, pendant plusieurs secondes.

L'ensemble des expériences précédentes démontre que la dynamite, sous le rapport des effets explosifs, est de beaucoup supérieure à la poudre à tirer et aux autres composés analogues, et que sa puissance ne peut être comparée qu'à celle de la nitroglycérine. L'introduction générale de la dynamite dans tous les travaux des carrières, dans l'exploitation des mines, dans le creusement des tunnels, serait donc un progrès considérable sous le rapport de la célérité et de l'économie, abstraction faite des dangers que peuvent présenter le transport et l'emmagasinement de ce composé.

III. — Expériences sur les dangers d'explosion de la Dynamite.

Les auteurs croient n'avoir omis rien d'important, après avoir étendu leurs investigations sur les points suivants :

A. — Variations notables de température. B. — Effets d'une lumière intense. C. — Choc. D. — Électricité. E. — Décomposition spontanée de la dynamite. Ce point, très-important, ne peut cependant être l'objet d'une constatation expérimentale.

A. *Variations de température.* — La nitroglycérine, n'adhérant que mécaniquement à la substance solide qui y est mêlée, pourrait, par une élévation de température, être rendue plus fluide, se séparer en gouttes qui détoneraient par le choc ou par les autres causes qui produisent l'explosion de cette matière pure. On a donc exposé, pendant une heure, dans un vase fermé, 4 grammes de dynamite, à la chaleur d'un bain-mairie. Il ne s'en est séparé aucune gouttelette, et l'on n'a pas remarqué le moindre changement dans la consistance de la matière. Le danger prévu, propre aux variations de la chaleur, n'est donc pas réel, et l'on pouvait, par conséquent, limiter au cas de la température ordinaire les expériences sur les effets du choc. Le refroidissement n'ajoute non plus aucun nouveau danger aux propriétés de la dynamite ; elle devient alors dure, il est vrai, ainsi qu'on l'a constaté, mais elle paraît devoir même perdre tout à fait ses propriétés explosives, selon que l'indiquent plusieurs considérations que l'on n'a cependant pu vérifier, parce que la saison (l'été) où l'on opérait ne l'a pas permis.

Afin de voir si la dynamite pourrait faire spontanément explosion, par suite d'une élévation notable de température, on a placé une demi-cartouche de Nobel dans un feu de charbon allumé sur une plaque de tôle. La dynamite a brûlé, sans explosion, en fusant, comme cela avait été déjà observé plusieurs fois.

On a ensuite rempli de dynamite une petite éprouvette en laiton, et on l'a fermée par un bouchon, aussi de laiton, ajusté à vis. Jetée dans le feu, elle a fait explosion, avec beaucoup de bruit, après une minute environ, et a dispersé les charbons. Une autre cartouche semblable, en laiton, remplie aussi de dynamite, mais bouchée seulement avec du liége, mise dans un autre feu de charbon, a aussi détoné, mais avec moins de force que dans le premier cas.

La dynamite, dans une enveloppe non résistante et non serrée, ne détone donc pas dans le feu, en sorte qu'aucune explosion n'est à craindre, même en cas d'incendie, dans les pièces où on la conserve dans cet état.

Au contraire, lorsqu'elle est tassée dans une enveloppe qui présente de la résistance, elle peut faire une forte explosion, sous l'influence du feu.

B. *Effets de la lumière.* — Les expériences tentées montrent que la lumière du soleil agit sur la dynamite, mais seulement par l'influence des rayons calorifiques. L'effet de ces rayons, quand ils sont intenses, est le même que celui de la chaleur directe. — Une certaine quantité de dynamite ayant été exposée au foyer d'un miroir ardent et d'une lentille, en présence du soleil, brûla sans explosion notable, mais en faisant toutefois un peu de bruit. Après la série A d'expériences, on a fait détoner, dans tous les cas, de la dynamite solidement enveloppée en l'échauffant au foyer d'un miroir. Dans la pratique, on n'a guère à craindre une semblable concentration des rayons du soleil sur cette matière, et, par conséquent, il ne peut guère arriver qu'une explosion résulte de cette cause.

De nombreux essais ont démontré que, jusqu'à un certain point, il en est effectivement ainsi.

C. *Influence du choc.* — Les auteurs ont dû examiner si la dynamite est, comme on le disait, tout à fait à l'abri des explosions par cette cause ; sinon quelle doit être la puissance du choc pour produire ce phénomène ; enfin quelles sont les circonstances qui peuvent le favoriser ou s'y opposer.

1. *Choc sur la dynamite solidement enfermée dans une capacité creuse.* — Comme l'explosion par le choc, la plus facile à prévoir, était celle de la dynamite serrée dans un vase clos, on fit préparer un certain nombre de

cartouches dont l'enveloppe se composait de tuyaux de laiton ; leur longueur moyenne était de $0^m,050$ et leur diamètre de $0^m,014$; elles contenaient chacune de 0 k.,003 à 0 k.,0035 de dynamite. Les parois d'une partie de ces cartouches avaient $0^m,001$ d'épaisseur, et celles d'une autre partie $0^m,0005$. La fermeture a consisté tantôt en un bouchon de laiton assemblé à vis, tantôt en un bouchon de liége posé à frottement.

Pour soumettre ces cartouches à un choc énergique, on les a lancées contre la paroi verticale d'une roche dans la carrière de Dœnikon ; elles étaient introduites dans le canon d'un fusil à vent dont on faisait jouer la batterie avec un cordon, après avoir fixé le fusil sur un bloc de pierre. La distance entre la bouche de l'arme et le rocher était de $13^m,20$, et la vitesse initiale de la cartouche, mesurée à Zurich avec un chronoscope de Hipp, était moyennement de 40 mètres.

On a fait les cinq expériences suivantes :

1° Une cartouche, à parois épaisses, fermée à vis par un bouchon de laiton, fut tirée contre le rocher qu'elle alla frapper, mais elle n'éclata point ; cette cartouche retrouvée était toute déformée et laissait voir plusieurs profondes empreintes.

2° Une autre cartouche semblable, à parois épaisses, munie d'une capsule d'amorce de Nobel, fit explosion en choquant le rocher.

3° Une cartouche, à parois minces, remplie de dynamite et fermée par un bouchon de liége, fit explosion contre le rocher. On retrouva un éclat déchiré de l'enveloppe.

4° La même expérience, répétée dans de semblables conditions, donna également une explosion.

5° Une cartouche, à parois épaisses, fermée par un bouchon de laiton à vis, manqua deux fois de toucher le rocher, et n'atteignit qu'un tas de recoupes de pierre qui se trouvait plus bas que le but. Au troisième coup, cette cartouche frappa la roche, mais sans explosion.

La puissance de projection de l'arme, dans laquelle on n'avait pas foulé de nouvel air, était notablement diminuée, lors des derniers essais.

L'expérience n° 2 devait évidemment donner une explosion et n'était pas absolument nécessaire pour l'étude de la question : elle avait cependant une certaine utilité, car elle prouvait que le choc était suffisant pour faire détoner le mercure fulminant qui constituait l'amorce et pour produire ainsi l'explosion.

Des autres expériences, où il ne se trouvait que de la dynamite, on peut déduire les conséquences suivantes :

Ce composé, quand il est comprimé solidement en vases clos, peut éclater sous l'influence d'un choc violent. L'intensité de ce choc doit être assez grande, puisque les cartouches, à parois épaisses, qui, en raison de leur poids, ne décrivaient pas une trajectoire très-rapide, n'ont pas fait explosion, bien que le choc les ait fortement endommagées.

2. *Effets du choc sur la dynamite qui n'est pas fortement enfermée.* — On a placé 8 grammes de dynamite sur une plaque de fonte dans la cour d'un atelier de construction de machines, à Olten, et l'on a laissé tomber dessus, de la hauteur d'un mètre, un cylindre de fer pesant 550 kilog. L'explosion a eu lieu avec beaucoup de bruit. On a fait, à Zurich, d'autres expériences analogues, mais sur une plus petite échelle, en s'y prenant comme il suit. On a suspendu un cylindre de fer, pesant 11^k,5, à une corde passant autour d'une poulie. En tirant plus ou moins cette corde, et en la lâchant lorsque le cylindre était arrivé à différentes hauteurs, on pouvait varier, à volonté, l'intensité des chocs sur des corps différents.

Ces corps choqués ont été successivement une plaque de fonte de fer, une dalle de grès et une forte planche de bois de hêtre.

On a obtenu les résultats suivants :

a. *Sur une plaque de fonte.* — 1° 1 gramme de dynamite ; hauteur de la chute du cylindre, 1 mètre. L'explosion a eu lieu.

2° 2 grammes de dynamite ; hauteur de la chute, $0^m,50$. Explosion très-bruyante.

3° 2 grammes de dynamite ; hauteur de la chute, $0^m,50$. Pas d'explosion.

4° La même matière que le choc inefficace avait fortement comprimée, remuée ensuite avec un couteau ; hauteur de la chute, $0^m,20$. Explosion.

5° 2 grammes de dynamite ; hauteur de la chute, $0^m,125$. Explosion.

6° 2 grammes de dynamite ; hauteur de la chute, $0^m,06$. Pas d'explosion.

7° 2 grammes de dynamite ; hauteur de la chute, $0^m,07$. Pas d'explosion.

8° La même matière, divisée de nouveau ; hauteur de la chute, $0^m,07$. Pas d'explosion.

9° La même matière, divisée encore une fois ; hauteur de la chute, $0^m,08$. Explosion.

b. *Sur une dalle de grès.* — Dans chacune des expériences, on a employé environ 2 grammes de dynamite.

10° Hauteur de la chute, $1^m,20$. Explosion.

11° Hauteur de la chute, $0^m,50$. Pas d'explosion.

12° La même matière ; hauteur de la chute, $0^m,50$. Pas d'explosion.

13° La même matière ; hauteur de la chute, 1 mètre. Pas d'explosion.

14° La même matière retournée et divisée ; hauteur de la chute, 1 mètre. Pas d'explosion.

c. *Sur une planche de hêtre de $0^m,040$ d'épaisseur.* — 15° 1 gramme de dynamite ; hauteur de la chute, 1 mètre. Pas d'explosion.

16° La même matière remuée ; hauteur de la chute, 1 mètre. Pas d'explosion.

17° $1^{gr},5$ de dynamite déjà écrasée ; hauteur de la chute, 1 mètre. Pas d'explosion.

18° La même matière battue ; hauteur de la chute, $0^m,25$. Pas d'explosion.

19° La même matière encore battue ; hauteur de la chute, $0^m,50$. Pas d'explosion.

De ces expériences sur le choc, il résulte que :

La dynamite, exposée à l'air libre, peut détoner par le choc, lorsque, en recevant le coup, elle se trouve entre deux corps durs, comme le fer ; mais, pour que l'explosion arrive, il faut que l'intensité du choc ne soit pas au-dessous d'une certaine limite. Si le choc a lieu entre la pierre et le fer, il ne produit l'explosion que dans des cas très-rares ; enfin, si la collision a lieu entre le bois et le fer, l'explosion n'a pas lieu, au moins dans les limites où ont été comprises les expériences.

On est parvenu à des résultats absolument semblables, en frappant sur la dynamite de violents coups de marteau. De très-petites quantités de cette matière, quantités dont le volume variait de la grosseur d'une tête d'épingle à celle d'un pois, pouvaient être portées certainement à l'explosion, lorsqu'on les frappait fortement avec un marteau sur une enclume. Sur une masse de grès, de ciment ou de bois, on n'est jamais parvenu à produire ce phénomène, soit avec un marteau, même en répétant les coups, soit avec un autre instrument de fer, en exerçant un frottement accompagné d'une forte pression.

D. *Effets de l'électricité sur la dynamite.* — Un tube de verre d'environ $0^m,060$ de longueur et $0^m,018$ de diamètre a été fermé solidement par un bout avec un bouchon, que traversaient deux fils de cuivre isolés et séparés par une petite distance. Le tube ayant reçu une couche de dynamite d'environ $0^m,025$ de hauteur, on ferma solidement aussi l'autre extrémité par un bouchon. On fit passer dans la dynamite la décharge d'une grande bouteille de Leyde, mais il n'en résulta aucune explosion ni même aucun changement perceptible dans le contenu de la cartouche. On répéta encore deux fois cet essai avec le même résultat.

On fit ensuite passer dans une semblable cartouche l'étincelle d'un appareil d'induction. Après le passage d'un certain nombre d'étincelles, on entendit une faible détonation ; le bouchon de liége qui fermait l'extrémité du tube opposée à celle où passaient les fils fut projeté sans que le tube fût endommagé ; une partie de la dynamite seulement fut brûlée, mais la plus grande partie resta dans le tube sans changement.

Un second essai conduisit aux mêmes phénomènes.

De fortes étincelles électriques n'amenèrent pas l'explosion de la dynamite ; seulement lorsque le passage continu des étincelles l'eut fortement échauffée, il se manifesta une lente combustion partielle. Si une forte décharge de Leyde n'a produit absolument aucun effet, ce phénomène négatif doit provenir de ce que la dynamite conduit assez l'électricité à haute tension pour que le passage du fluide soit continu et exempt d'étincelle.

Enfin on a encore essayé s'il se produirait une étincelle lorsque la dynamite serait traversée par un fil fin continu, porté au rouge par le passage d'un courant électrique. Dans une des cartouches de verre dont nous avons parlé, on a mis en communication, par un fil de fer très-fin, les extrémités des deux fils de cuivre ; on a rempli la cartouche de dynamite, et l'on a porté au rouge ce fil de fer par un courant. Le résultat a été le même que pour le passage des étincelles de l'appareil d'induction. Le bouchon a encore été chassé avec une légère détonation ; une partie de la dynamite a été brûlée, mais la plus forte quantité est restée sans altération, quoique le courant eût été assez puissant pour brûler le fil de fer.

IV. — Résumé et Conclusions.

Autant que des expériences sont capables de décider une semblable question, celles qui viennent d'être décrites permettent d'établir, avec assez de clarté, une

opinion sur les dangers d'explosion qu'entraînent, en
général, la conservation et surtout le transport de la dynamite, et de poser les conclusions suivantes :

Les variations de la température, la forte chaleur,
l'application même directe du feu, n'exposent à aucune
explosion, lorsque la dynamite n'est pas contenue dans
des vases dont les parois présentent une résistance notable. Sur les chemins de fer et dans les magasins, elle
peut donc, sans danger de détonation, être atteinte par
des étincelles ou même par le feu, pourvu qu'elle ne soit
pas pressée dans des vases métalliques ou autres capacités à parois très-résistantes.

La chaleur intense qui provient de la concentration
des rayons du soleil est dans le même cas que le feu et
ne cause pas d'explosion lorsque la dynamite n'est pas
contenue dans des enveloppes solides.

Les explosions par le choc sont décidément à craindre
lorsque la dynamite reçoit un coup suffisamment fort et
se trouve placée entre deux corps métalliques. Il est donc
certain que des accidents peuvent provenir de cette cause
dans les transports. Cependant les secousses simples ou
répétées que la dynamite, empaquetée dans des caisses,
reçoit lors des chargements et des déchargements, pendant son transport par les chemins de fer ou sur les
brouettes, dans les circonstances ordinaires, paraissent,
à peu près, incapables de faire naître une explosion. Il
faut remarquer, pourtant, que les capsules fulminantes
qui détonent par le choc, mais qui, à cause de la petite
quantité de matière explosible qu'elles contiennent, ne
présentent pas de grands dangers, ne doivent cependant
jamais être transportées dans une même caisse avec de
la dynamite, et que cette prescription doit toujours être
exactement observée.

Les orages et les coups de tonnerre n'exposent la dynamite à aucun danger spécial et considérable. Autant
qu'il est permis de le conclure d'expériences faites en

petit, la dynamite qui n'est pas serrée ne peut que brûler sans explosion lorsqu'elle est frappée par la foudre ; mais, si elle se trouve serrée dans un vase résistant et complétement fermé, elle peut détoner si l'électricité élève suffisamment la température.

Il nous reste, enfin, à considérer les dangers d'explosion qui peuvent résulter de la décomposition spontanée.

Comme plusieurs autres corps, la nitroglycérine est sujette à ce phénomène, dont on ne peut assigner la cause, et qui se manifeste par une explosion. La nitroglycérine étant la principale des matières qui constituent la dynamite, on peut justement se demander s'il n'existe pas un danger de ce côté. Or les auteurs n'ont pas connaissance que, depuis le commencement de l'emploi de cette substance, il se soit présenté un seul cas d'explosion spontanée. Il semble donc que le mélange d'un corps solide avec la nitroglycérine empêche toute décomposition explosive, et que, s'il se produit réellement une altération spontanée, ce phénomène n'arrive que lentement et par degrés. En tous cas, on ne doit pas plus soutenir que contester, pour la dynamite, la possibilité d'une décomposition de ce genre ; et, comme pour les dangers du transport, il convient de s'abstenir de prononcer absolument tant que l'on n'aura pas observé de faits décisifs.

Les auteurs, se renfermant dans les limites des conclusions qui précèdent, croient pouvoir exprimer l'avis que, sous la condition des mesures convenables de sûreté indiquées dans ce qui précède, le transport de la dynamite présente beaucoup moins de dangers d'explosion que celui de la nitroglycérine, qui était naguère expédiée et employée dans beaucoup de travaux.

TABLE DES MATIÈRES

FIN DE LA TABLE.

Le Mans. — Typ. Ed. Monnoyer. — 1872.

MANUEL

DE

TÉLÉGRAPHIE PRATIQUE,

Par R.-S. CULLEY.

Traduit de l'anglais sur la 7ᵉ édition et annoté

PAR

M. Henri BERGER,
Ancien Élève de l'École Polytechnique, Directeur-Ingénieur des lignes
télégraphiques ;

M. Paul BARDONNAUT,
Ancien Élève de l'École Polytechnique, Directeur des postes
et télégraphes.

Un beau volume grand in-8, xi-659 pages, avec 251 figures
dans le texte et 7 grandes planches; 1882.

Prix : *Broché*, 18 fr. — *Cartonné à l'anglaise*, 20 fr.

En Angleterre, l'excellent Ouvrage de Culley a obtenu
un succès si complet qu'il est parvenu en quelques années
à sa 7ᵉ édition ; conçu dans un esprit éminemment pratique, il présente sous une forme simple et claire le résumé
de toutes les connaissances nécessaires au personnel télégraphique, auquel il s'adresse plus spécialement. Sans
entrer dans des développements purement scientifiques,
le *Manuel* de Culley ne laisse de côté aucune des brillantes
découvertes de la télégraphie moderne.

Les inventions et les perfectionnements pratiques qui
se sont produits dans ces dernières années, surtout pour
ce qui regarde les méthodes de transmission rapide en
duplex et en quadruplex, et qui ont apporté des modifications profondes dans le service télégraphique, occupent
dans cet Ouvrage une place proportionnée à l'importance
de ces divers sujets.

La traduction que nous annonçons aujourd'hui rendra en France un réel service à tous les employés soucieux de leur instruction professionnelle et à toutes les personnes qui s'occupent de télégraphie ; c'est dans cette pensée que M. le Ministre des Postes et des Télégraphes a bien voulu encourager dans leur travail MM. Berger et Bardonnaut, auteurs de cette traduction, et honorer l'édition française d'une souscription.

Dans le but de fournir aux lecteurs tous les renseignements dont ils peuvent avoir besoin, on a introduit dans l'édition française plusieurs additions importantes.

Ainsi, l'appareil Hughes, dont l'auteur anglais, resserré dans les limites de son *Manuel*, ne pouvait donner qu'une description sommaire, a reçu tout le développement que comporte son emploi en France. — Lors de l'apparition de l'Ouvrage de M. Culley, l'appareil Baudot était encore peu connu ; les traducteurs ont été heureux de pouvoir reproduire une description complète de ce merveilleux appareil, qui rend déjà tant de services à l'Administration française. — Enfin, les additions comprennent également les descriptions détaillées des appareils Breguet et Mayer, ainsi que l'exposé de l'organisation et du mode de fonctionnement des réseaux téléphoniques, et de la télégraphie pneumatique et optique.

COURS D'ASTRONOMIE
DE L'ÉCOLE POLYTECHNIQUE ;

PAR

M. H. FAYE,
Membre de l'Institut et du Bureau des Longitudes.

—

Deux beaux volumes grand in-8,

avec nombreuses figures et Cartes dans le texte
se vendant séparément :

Iᵉ Partie : *Astronomie sphérique. — Géodésie et Géographie mathématique*, 1881.............. **12 fr. 50 c.**

IIᵉ Partie : *Astronomie solaire. — Théorie de la Lune. — Navigation*, 1883.................... **14 fr.**

ŒUVRES
COMPLÈTES
D'AUGUSTIN CAUCHY,
PUBLIÉES SOUS LA DIRECTION SCIENTIFIQUE
DE L'ACADÉMIE DES SCIENCES
ET SOUS LES AUSPICES
DE M. LE MINISTRE DE L'INSTRUCTION PUBLIQUE.

Ire Série : Mémoires, Notes et Articles extraits des Recueils de l'Académie des Sciences. 11 vol. in-4.

IIe Série : Mémoires extraits de divers Recueils, Ouvrages, Mémoires publiés séparément. 15 vol. in-4.

VOLUMES PARUS (1re Série).

Tome I, 1882 (*Théorie de la propagation des ondes à la surface d'un fluide pesant, d'une profondeur indéfinie. — Mémoire sur les intégrales définies*)......... 25 fr.

Tome IV, 1884 (*Extraits des Comptes rendus de l'Académie des Sciences*)............................. 25 fr.

SOUSCRIPTION.

Le Tome V (prix 25 fr.), qui paraîtra en Janvier 1885, est mis en souscription. Le prix de ce Tome est réduit, pour les souscripteurs qui feront leur versement avant le 31 août 1884, à.............................. 20 fr.

(Les anciens souscripteurs, qui désirent continuer leur souscription sans avoir à se préoccuper des dates d'apparition des divers Tomes de la Collection, n'auront qu'à envoyer, lorsqu'ils recevront un Volume, la somme de 20 fr. pour leur souscription au Volume suivant; et celui-ci leur sera expédié franco dès son apparition.)

Il vient d'être décidé que les Tomes de la IIe Série se

publieront concurremment avec ceux de la 1re Série. Le premier Volume des *Anciens Exercices de Mathématiques* (Tome VI de la IIe Série) sera mis prochainement en souscription.

———

LISTE DES VOLUMES.

1re SÉRIE.

1°

Tome I. — Mémoires extraits des *Mémoires présentés par divers savants à l'Académie des Sciences*.

2°

Tomes II et III. — Mémoires extraits des *Mémoires de l'Académie des Sciences*.

3°

Tome IV à XI. — Notes et Articles extraits des *Comptes rendus hebdomadaires des séances de l'Académie des Sciences*.

IIe SÉRIE.

Tome I. — Mémoires extraits du *Journal de l'École Polytechnique*.

Tome II. — Mémoires extraits de divers Recueils : *Journal de Liouville, Bulletin de Férussac, Bulletin de la Société philomathique, Annales de Gergonne, Correspondance de l'École Polytechnique*.

Tome III. — *Cours d'Analyse de l'École Polytechnique*.

Tome IV. — *Résumé des leçons données à l'École Polytechnique sur le Calcul infinitésimal*. — *Leçons sur le Calcul différentiel*.

Tome V. — *Leçons sur les applications du Calcul infinitésimal à la Géométrie*.

Tomes VI à IX. — *Anciens Exercices de Mathématiques*.

Tome X. — *Résumés analytiques, de Turin*. — *Nouveaux Exercices de mathématiques, de Prague*.

Tome XI à XIV. — *Nouveaux Exercices d'Analyse et de Physique*.

Tome XV. — *Mémoires séparés*.

———

9 782329 247366